Wir entwickeln unsere Orientierungskompetenz

Wir orientieren uns mithilfe der Himmelsrichtungen

Die **vier Himmelsrichtungen** dienen zur Orientierung an der Sonne oder mit dem Kompass. Als Grundrichtungen bilden sie auch das Raster in Karten. Wenn nicht anders verzeichnet, ist Norden auf Karten immer oben.

Tipp

Die Himmelsrichtungen merkst du dir am besten mithilfe einer sogenannten **Eselsbrücke**, z. B.:

Im **Osten** geht die Sonne auf,
im **Süden** nimmt sie ihren Lauf,
im **Westen** will sie untergehn,
im **Norden** ist sie nicht zu sehn.

M 1 Windrose

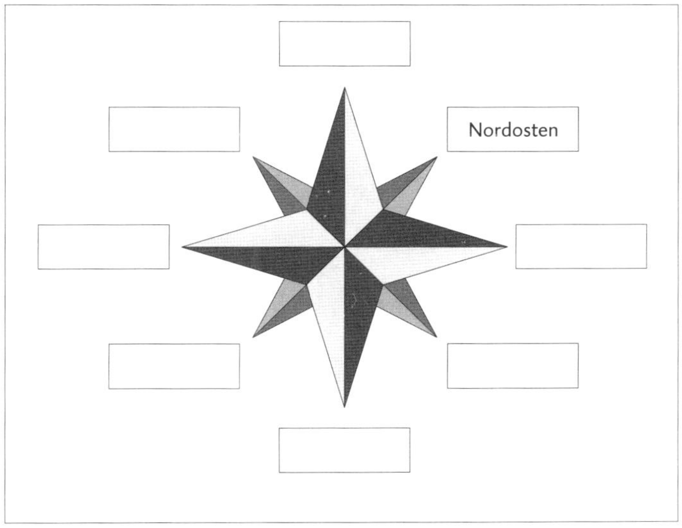

1 Ergänze die Himmelsrichtungen an der Windrose.

2 Vervollständige die Sätze mithilfe von M 2:

a Südlich von dir liegt eine Karte.

b Im Norden von dir befindet sich ______________________ .

c Östlich von dir siehst du ______________________ .

d Nordwestlich von dir hängt ______________________ .

M 2 Wo ist was?

3 Beschreibe die Lage aller Gegenstände aus der Sicht des Erdkundebuchs.

____

____

____

4 Denke dir eine eigene lustige Eselsbrücke als Merksatz für die Himmelsrichtungen aus.

____

____

Wir entdecken die Welt

M 3 Weltkarte

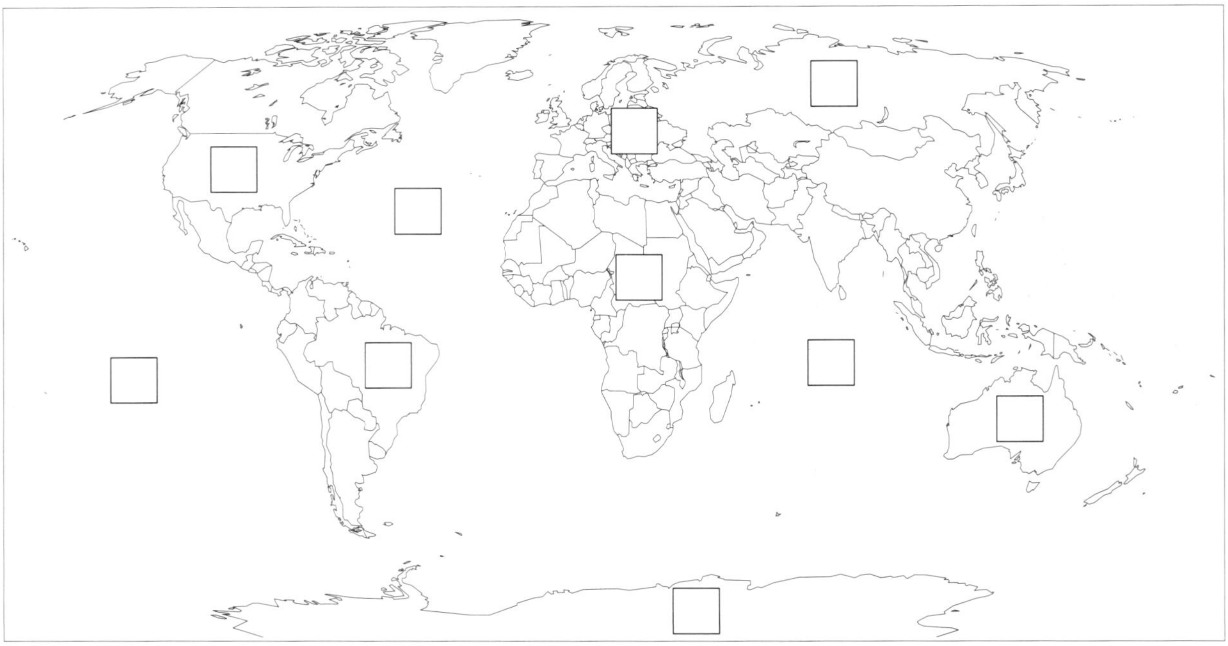

5 Ordne die Kontinente und Ozeane zu. Trage die Buchstaben und Zahlen an der entsprechenden Stelle in die Karte ein. Nimm deinen Atlas zu Hilfe.

A	Australien	F	Afrika
B	Südamerika	G	Antarktis
C	Nord- und Mittelamerika	1	Pazifischer Ozean
D	Asien	2	Atlantischer Ozean
E	Europa	3	Indischer Ozean

6 Male die Kontinente jeweils mit einer anderen Farbe aus.

7 Zeichne die Hauptstädte der Vereinigten Staaten von Amerika, von Großbritannien, Frankreich, Deutschland, Russland, der Volksrepublik China, Japan und Indien als Punkte in deine Karte M 1. Markiere sie mit Kleinbuchstaben und notiere die jeweiligen Namen.

a	______________	e	______________
b	______________	f	______________
c	______________	g	______________
d	______________	h	______________

8 Kennst du die richtige Antwort? Nimm deinen Atlas zu Hilfe.

a Nenne den größten Kontinent.

____

b Welcher Ozean ist der größte?

____

c Gibt es mehr Land- oder Wasserflächen auf der Erde?

____

d Welches ist der höchste Berg der Welt?

____

e Wie heißt die größte Stadt der Welt?

____

f Nenne den kleinsten Kontinent.

____

g Wieso ist die Arktis kein Kontinent?

____

h In welchem Land wohnen die meisten Menschen?

____

i Wo liegt der Kilimandscharo?

____

j Wo befindet sich der Panamakanal?

____

9 In welcher Himmelsrichtung liegen die übrigen Kontinente, von Afrika aus betrachtet?

Europa liegt …

____

____

____

10 Ergänze folgende Sätze:

a Südlich von Europa liegt ______________________________.

b Im Nordwesten von Australien liegt ______________________________.

c Östlich von Afrika liegt der ______________________________ Ozean.

d Westlich von Nordamerika liegt der ______________________________ Ozean.

11 Überlege dir weitere Sätze zur Lagebeschreibung von Kontinenten und Ozeanen und teste deinen Nachbarn.

Wir lernen Europa und die Europäische Union kennen

M 4 Europa

Europa – ein Kontinent
Europa ist der fünftgrößte Kontinent, auf dem rund 730 Millionen Menschen in 47 Staaten leben. Davon wohnen 82 Millionen Menschen in Deutschland.

Europas Grenzen
Im Süden wird Europa durch das Mittelmeer und die Straße von Gibraltar, im Westen vom Atlantischen Ozean und im Norden durch das Europäische Nordmeer und die Barentssee begrenzt.
Im Osten ist die Abgrenzung komplizierter. Hier entsprechen die Grenzen des Kontinents Europa einer gedachten Linie vom Uralgebirge über Uralfluss, Kaspisches Meer, Manytschneiderung, Schwarzes Meer und Bosporus.

Die Europäische Union (EU)
Viele Menschen sagen Europa und meinen die **E**uropäische **U**nion. Man kürzt sie mit EU ab.
Die EU ist ein Zusammenschluss von 27 europäischen Ländern. Zwischen diesen Ländern gibt es keine Grenzen mehr, sodass der Austausch von Waren viel leichter ist. Zugleich soll durch die intensive Zusammenarbeit der Wohlstand aller Bürger der EU verbessert und der Frieden gesichert werden.
In 15 Ländern wird sogar schon mit der gleichen Währung, dem Euro, bezahlt. Wenn du zum Beispiel Ferien in Italien, Österreich oder Frankreich machst, brauchst du kein Geld zu tauschen.

12 Beantworte die Fragen von Lena und Paul. Schreibe, wenn notwendig, in dein Heft.

M 5 Die Staaten der EU

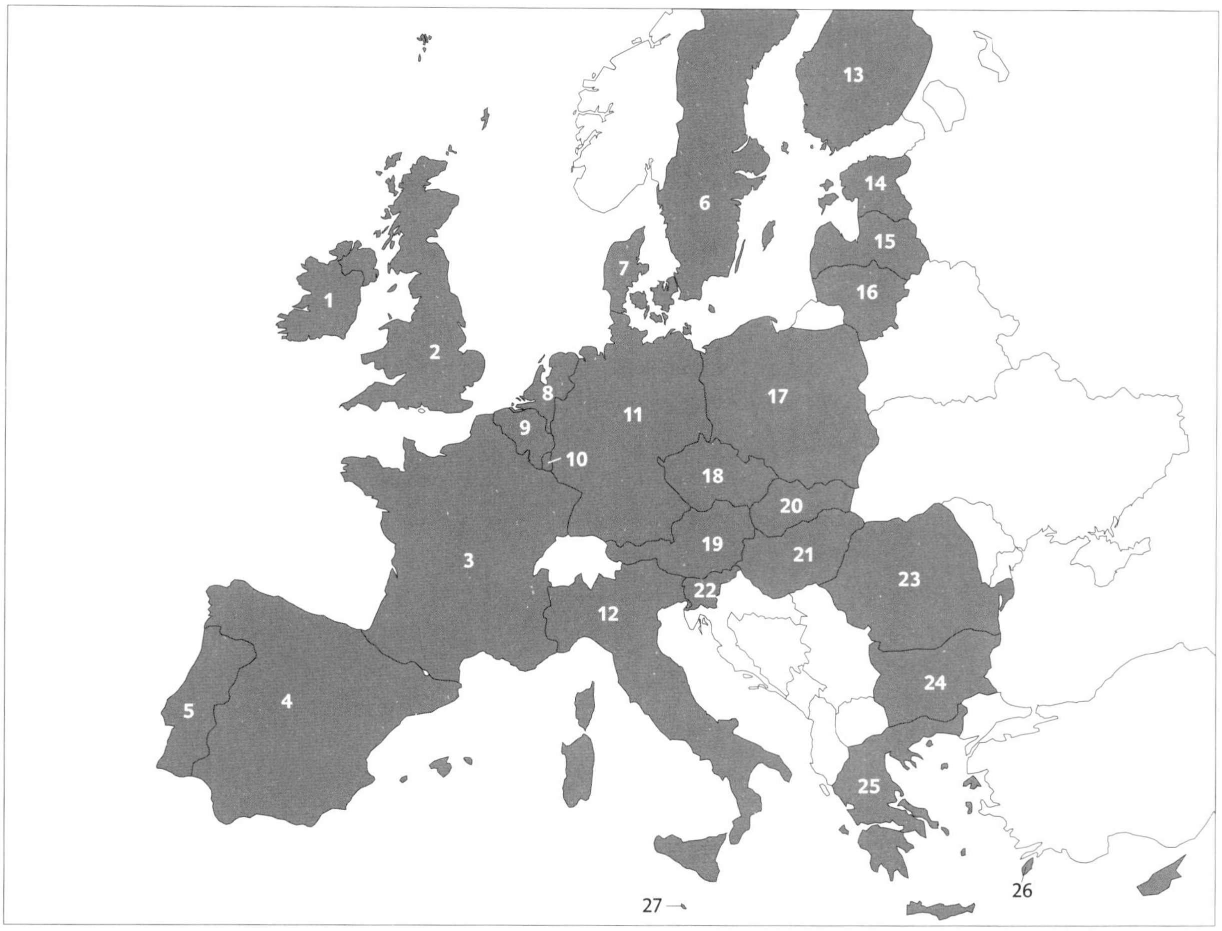

13 Ordne die Namen der EU-Staaten und ihre Hauptstädte den Zahlen zu.

1	Irland/Dublin	10		19	
2		11		20	
3		12		21	
4		13		22	
5		14		23	
6		15		24	
7		16		25	
8		17		26	
9		18		27	

Wir gehen auf Schatzsuche

Der Schatz auf der Totenkopf-Insel ... Schwierig, schwierig ... Also, hör genau zu: Du kannst nur in einer einzigen Bucht im Nordwesten mit dem Beiboot landen. Sonst ist überall Steilküste. Aber hohe Wellen und gefährliche Klippen machen eine Landung auch hier fast unmöglich. Da die gesamte Insel mit zwei Meter hohen Totenkopfgräsern bewachsen ist, musst du dir anschließend mühevoll mit dem Buschmesser den Weg freischlagen. Ohne Karte bist du verloren. Wende dich zunächst nach Südosten. Vorsicht vor dem Todessumpf. Gehe weiter durch die Schlucht zwischen dem Todesberg und dem Teufelszinken nach Osten, bis vor dir die Ruine eines Gefängnisses auftaucht. Von dort kämpfst du dich nach Nordosten bis zur Steilküste. Weiter entlang der Steilküste Richtung Osten. Wende dich dann nach Südosten, aber Vorsicht vor dem Nebel des tödlichen Geistersumpfes! An der Südküste gehst du rund 200 m entlang. Versuche dich dann durch den Nebelwald zu schlagen. Vor dir taucht eine alte Kirche auf. Südlich liegen drei Gräber. Wenn du es wirklich bis hierher geschafft hast, findest du den Schatz der Totenkopf-Insel genau zwischen den drei Gräbern.

M 6 Schatzkarte der Totenkopf-Insel

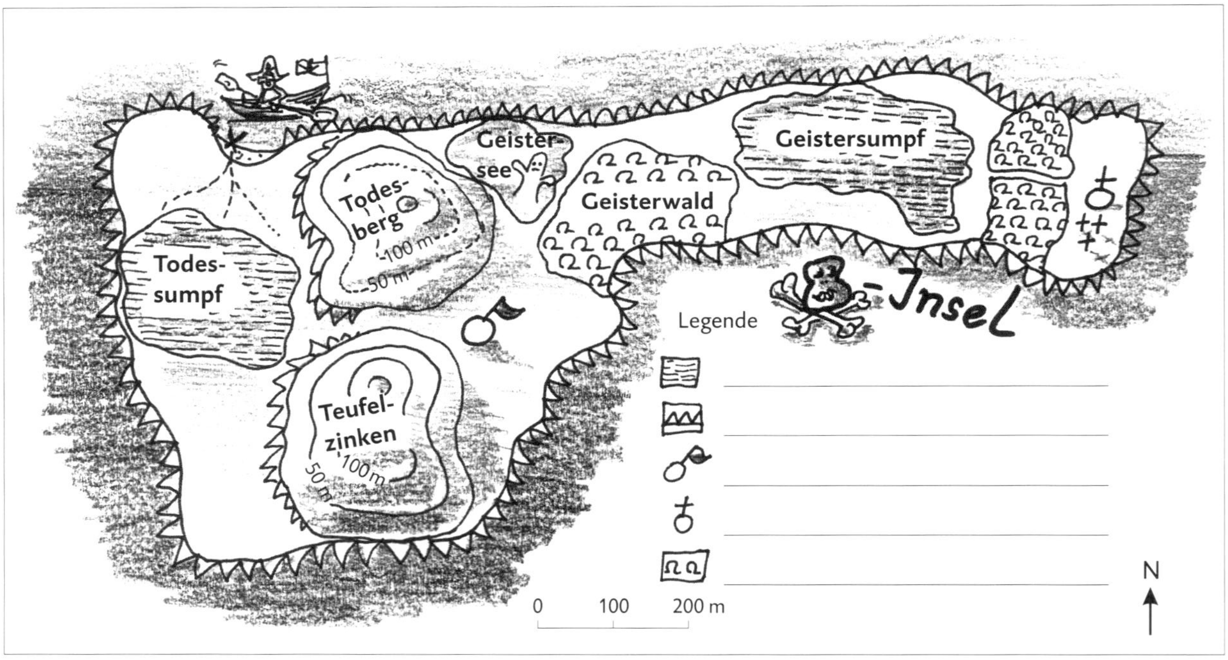

14 Vervollständige mithilfe der Aussagen des Piraten die Legende zur Schatzkarte.

Tipp

Eine Maßstabsleiste gibt die Abstände in der Wirklichkeit an.

15 Finde den genauen Ort des Schatzes mithilfe der Aussage des Piraten. Markiere den Weg sowie die Lage des Schatzes in der Schatzkarte.

16 Bestimme die Länge des sicheren Weges von der Anlegestelle zum Schatz mithilfe der Maßstabsleiste.

17 Wenn du für 100 m rund 10 Minuten brauchst, wie lange benötigst du dann für den gesamten Hin- und Rückweg?

18 Erstelle eine eigene Schatzkarte mit Legende, Maßstabsleiste und Nordpfeil.

19 Erkundet in Gruppen das Klassenzimmer und fertigt eine Karte davon an. Eure Lehrerin bzw. euer Lehrer zeigt euch, wie es geht.
Vergleicht eure Kartierung mit den Ergebnissen der anderen Gruppen.

Wir lernen Deutschland kennen

M 7 Deutschlandkarte

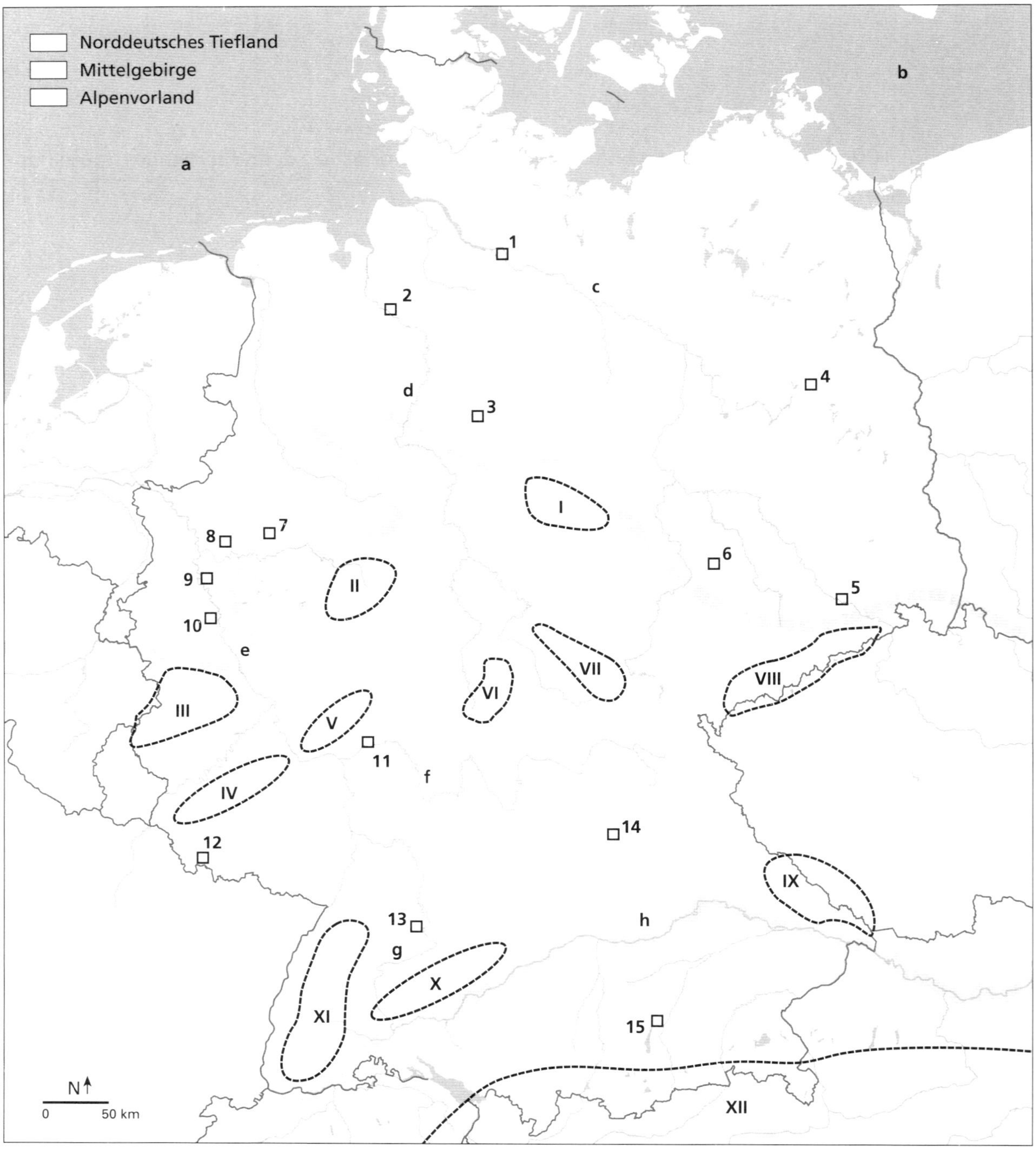

20 Kennzeichne die Quadrate der Städte rot, die Flächen der Gebirge braun und die Flüsse sowie Wasserflächen mit blauem Buntstift. Überlege dir Farben für die drei Großlandschaften, und male die Karte und die Legende entsprechend mit Buntstift aus.

21 Ordne mithilfe deines Atlas den Zahlen den richtigen Stadtnamen, den Kleinbuchstaben den richtigen Gewässernamen und den römischen Zahlen den Namen des Gebirges zu.

Städte:

1	______	6	______	11	______
2	______	7	______	12	______
3	______	8	______	13	______
4	______	9	______	14	______
5	______	10	______	15	______

Meere und Flüsse:

a	______	d	______	g	______
b	______	e	______	h	______
c	______	f	______	i	______

Gebirge:

I	______	V	______	IX	______
II	______	VI	______	X	______
III	______	VII	______	XI	______
IV	______	VIII	______	XII	______

22 Ordne den folgenden Fotos jeweils eine Großlandschaft zu.

______ ______ ______

23 Trage mithilfe von M 8 in die Karte M 9 jeweils den Namen des Bundeslandes, der Hauptstadt und seine Einwohnerzahl ein. Beachte auch die Nachbarstaaten Deutschlands. Male die Bundesländer in verschiedenen Farben aus.

M 8 Die Bundesländer Deutschlands

Bundesland	Einwohner 2006 (Mio.)
Baden-Württemberg	10,7
Bayern	12,5
Berlin	3,4
Brandenburg	2,5
Bremen	0,7
Hamburg	1,8

Bundesland	Einwohner 2006 (Mio.)
Hessen	6,1
Mecklenburg-Vorpommern	1,7
Niedersachsen	8,0
Nordrhein-Westfalen	18,0
Rheinland-Pfalz	4,0

Bundesland	Einwohner 2006 (Mio.)
Saarland	1,0
Sachsen	4,2
Sachsen-Anhalt	2,4
Schleswig-Holstein	2,8
Thüringen	2,3
Deutschland gesamt	**82,3**

M 9 Karte der Bundesländer Deutschlands

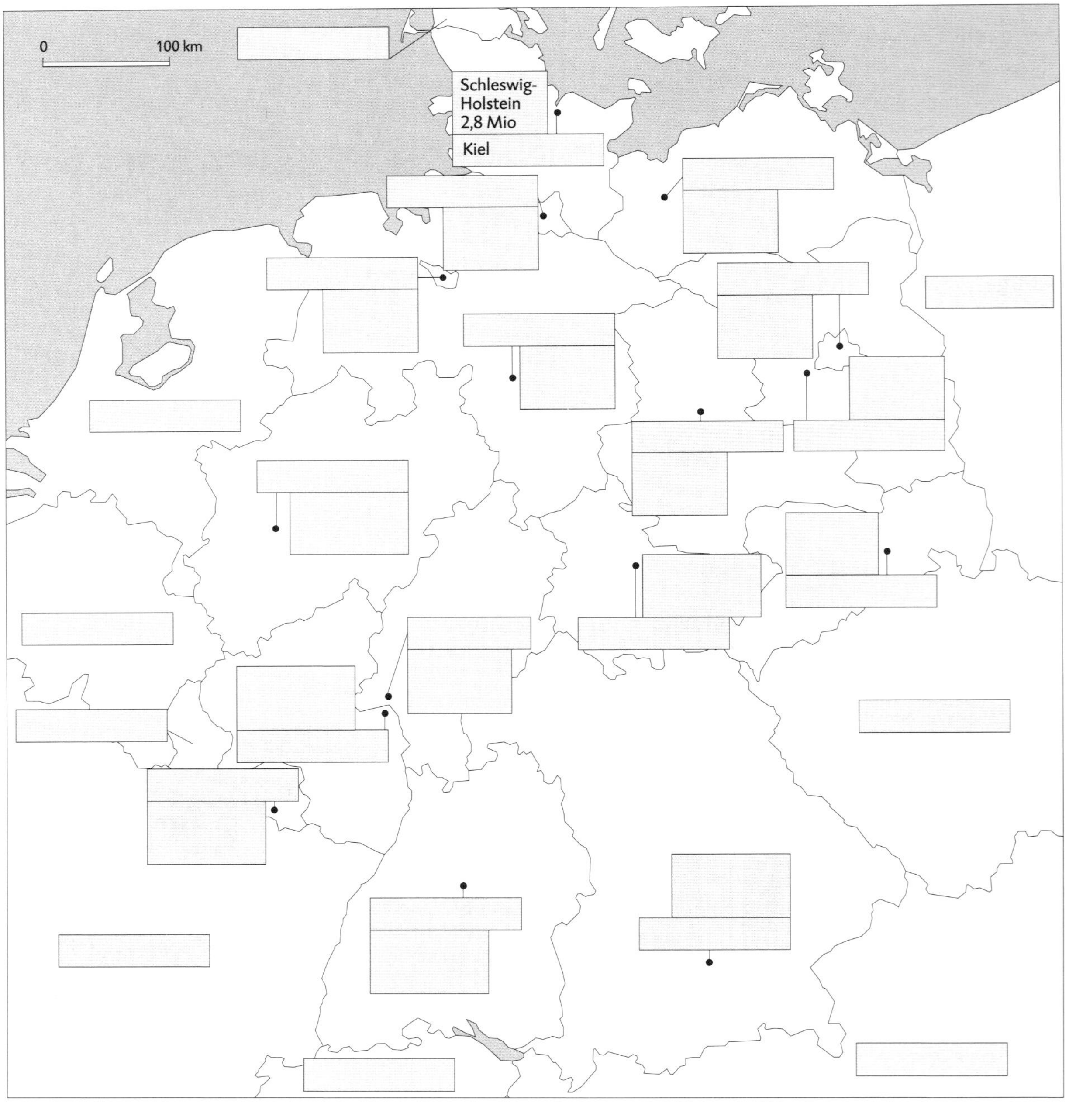

TEST

Wir kontrollieren unser Wissen – Orientierung

24 Nenne die sieben Kontinente und drei Ozeane.

25 Erkläre die folgenden Begriffe.

Himmelsrichtung: ______

Legende: ______

Maßstabsleiste: ______

Großlandschaft: ______

26 Ergänze die richtige Himmelsrichtung:

a Bremen liegt im ______ von Hamburg.

b Düsseldorf liegt ______ von Köln.

c Im ______ von Dortmund liegt Bochum.

d München liegt ______ der Donau.

27 Um welche Länder handelt es sich? Nenne auch jeweils ihre Hauptstadt.

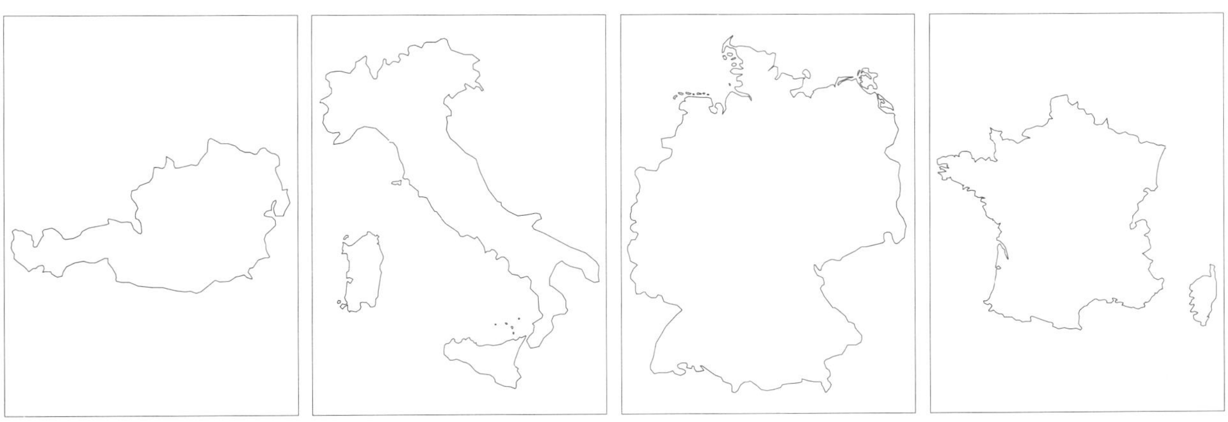

28 Kreuze die richtigen Aussagen zur EU an.

- ☐ Die EU besteht derzeit aus 27 Staaten.
- ☐ Die Schweiz gehört zur EU.
- ☐ Bulgarien gehört zur EU.
- ☐ Die Währung aller EU-Staaten ist der Euro.

29 Welcher Begriff passt nicht in die Reihe? Begründe deine Antwort.

a Paris, London, Deutschland, Riga

____

b Schweiz, Österreich, Slowenien, Italien

____

c Donau, Weser, Nordsee, Ruhr

____

30 Vervollständige den Text, indem du folgende Begriffe an der richtigen Stelle einsetzt:

18 Millionen, Niedersachsen, Düsseldorf, Berlin, größte, Rheinland-Pfalz, Hessen, Bayern, Baden-Württemberg, 82 Millionen, Bayern, Köln

Die Bundesländer ____________, ____________ und ____________ grenzen an Nordrhein-Westfalen. In Nordrhein-Westfalen wohnen mit ____________ Menschen die meisten Einwohner Deutschlands. Dies sind fast so viele, wie in ganz Australien leben. Die Landeshauptstadt von NRW heißt ____________. Die größte Stadt in NRW ist ____________.

München ist die Landeshauptstadt von ____________, das mit einer Fläche von 70 000 km^2 das ____________ Bundesland darstellt.

Im Süden der Bundesländer ____________ und ____________ befinden sich die Alpen.

Die Landeshauptstadt ____________ des gleichnamigen Bundeslandes ist zugleich auch die deutsche Hauptstadt.

Insgesamt wohnen in Deutschland rund ____________ Menschen.

Tipp

Wenn es noch nicht so gut geklappt hat, findest du unter den folgenden Internetadressen interaktive Lernspiele, die dir helfen, dein topografisches Wissen zu Deutschland zu verbessern:

- www.landkarten-spiele.de (Spiele zu Bundesländern, Flüssen, Daten und Flaggen)
- wetter.rtl.de/redaktion/gamechannel/dart/dart3.swf (Spiel zur Verortung von Städten)

Wir untersuchen unterschiedliche Siedlungen

Wir erkunden ein Dorf

Dörfer sind kleine Siedlungen. Früher waren sie durch die Landwirtschaft geprägt. Da hier die Grundstückspreise meist noch relativ niedrig sind und zugleich die Wohnqualität hoch ist (oft kaum Lärm und viel Natur), entstehen in vielen Dörfern neue Wohngebiete von Pendlern. Pendler arbeiten nicht in ihrem Wohnort, sondern fahren zur Arbeit.
Auch Pauls Familie ist von der Stadt aufs Land gezogen. Vor vier Jahren haben sie sich ein Haus in einem Dorf bei Soest gekauft.

M 1 Unser Dorf

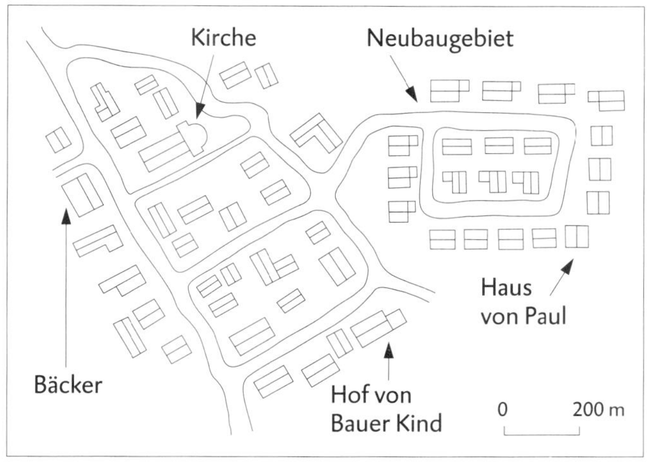

Wir wohnen in einem großen Haus mit riesigem Garten. Neben zwei Kaninchen habe ich noch einen Hund. Bei Bauer Kind können wir toll im Stroh spielen oder im kleinen Wäldchen Hütten bauen. In meiner Straße wohnen noch drei Klassenkameraden, die mit mir in die Klasse 5 a des Aldegrever-Gymnasiums gehen. Zusammen fahren wir morgens mit dem Bus zur Schule. In unserem Dorf gibt es nur eine Kirche und einen Bäcker. Ansonsten muss man für alles nach Soest fahren. Auch dann, wenn ich zum Fußballtraining muss oder Lena besuche, muss mich meine Mutter mit dem Auto hinbringen.

1 Sammle die Merkmale eines Dorfs. ______________________________

____

2 Nenne Vor- und Nachteile des Lebens auf dem Dorf.

Vorteile	Nachteile

3 Erläutere den Begriff „Pendler". ______________________________

____

Wir besuchen Lena in der Stadt Soest

M 2 Soest

Soest ist eine Stadt mit 30 000 Einwohnern. Zahlreiche Fachwerkhäuser, Kirchen, kleine Gassen sowie die alte Stadtmauer prägen das Stadtbild. Als Stadt besitzt Soest auch ein Rathaus, einen Bahnhof, zwei Krankenhäuser, eine Fachhochschule und sogar drei Gymnasien. Daneben gibt es viele Arbeitsplätze in Soest, sodass morgens viele Pendler aus dem Umland in die Stadt fahren. Unter den zahlreichen Veranstaltungen ist besonders die Allerheiligen-Kirmes von Soest bekannt.

4 Bestimme mithilfe deines Atlas die Lage von Soest.

____

____

5 Sammle alle Merkmale, die eine Stadt auszeichnen.

____

____

6 Nenne Vor- und Nachteile des Lebens in der Stadt.

Vorteile	Nachteile

7 Würdest du lieber in einem Dorf oder in einer Stadt wohnen? Notiere deine Argumente in dein Heft und diskutiere mit deinem Nachbarn.

Wir untersuchen verschiedene Stadtviertel von Soest

Jede Stadt hat verschieden genutzte Bereiche. In der **City** findest du die Fußgängerzone mit ihren vielen Geschäften. In Soest ist die City aber zugleich Teil der **Altstadt**, in der viele Menschen wohnen. Um die Altstadt herum ist eine **Grünfläche**. Hier kannst du dich erholen. Neben **Wohngebieten** gibt es **Gewerbegebiete**. Hier findest du zum Beispiel Firmen, Baumärkte oder Autohändler. Gebiete, in denen sich verschiedene Funktionen wie Wohnhäuser, Handwerksbetriebe, Schulen und Geschäfte befinden, nennt man **Mischgebiete**. Daneben gibt es Verkehrsflächen.

8 Lies dir den Text genau durch und ordne die fett gedruckten Begriffe den Fotos zu.

9 Begründe, warum es so wichtig ist, dass in einer Stadt verschiedene Bereiche – z. B. für Wohnen, Erholen, Arbeiten etc. – ausgewiesen werden.

10 Gehe nun selbst in der Stadt, in der sich deine Schule befindet, auf Erkundungstour. Trage alle Bereiche, die du der City, der Altstadt etc. zuordnen kannst, in eine Karte ein und präsentiere deine Ergebnisse der Klasse.

Wir erkunden mit Google Earth unsere Umgebung

Um unsere Erde kreisen viele Satelliten, die ständig Fotos machen. Lena und Paul sind heute im Computerraum und wollen mithilfe von Google Earth ihre neue Schule erkunden.

M 3 Das Programm Google Earth

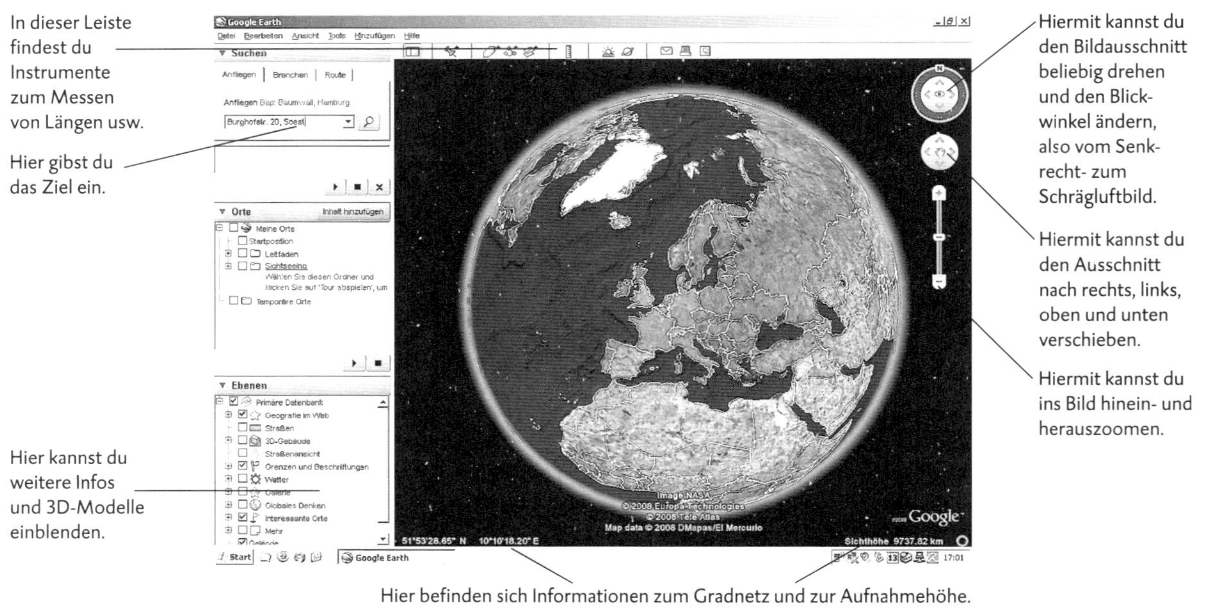

Zuerst tippt Lena das Ziel, nämlich die Adresse der Europaschule Aldegrever-Gymnasium („Burghofstraße 20, Soest") ein. Das Programm zoomt nun bis auf eine Ansichtshöhe von 1 km an das Ziel heran. Dann zoomt sich Lena bis auf 180 m heran (M 4). Es erscheint ein Senkrechtluftbild von der Europaschule Aldegrever-Gymnasium. **Senkrechtluftbilder** sind Aufnahmen, die ganz genau senkrecht von oben fotografiert wurden. Sie unterscheiden sich nur im Maßstab voneinander. Solche Luftbilder stellen nur eine Momentaufnahme dar. So sind z. B. Schatten sichtbar.

M 4 Das Aldegrever-Gmnasium

11 Zoome dich wie Lena mithilfe von Google Earth an das Aldegrever-Gymnasium heran.

12 Lena hat mithilfe des Senkrechtluftbilds eine Karte ihrer neuen Schule gezeichnet.
Betrachte beide Grafiken und liste auf, worin sich das Senkrechtluftbild (M 4) und die nebenstehende Karte unterscheiden.

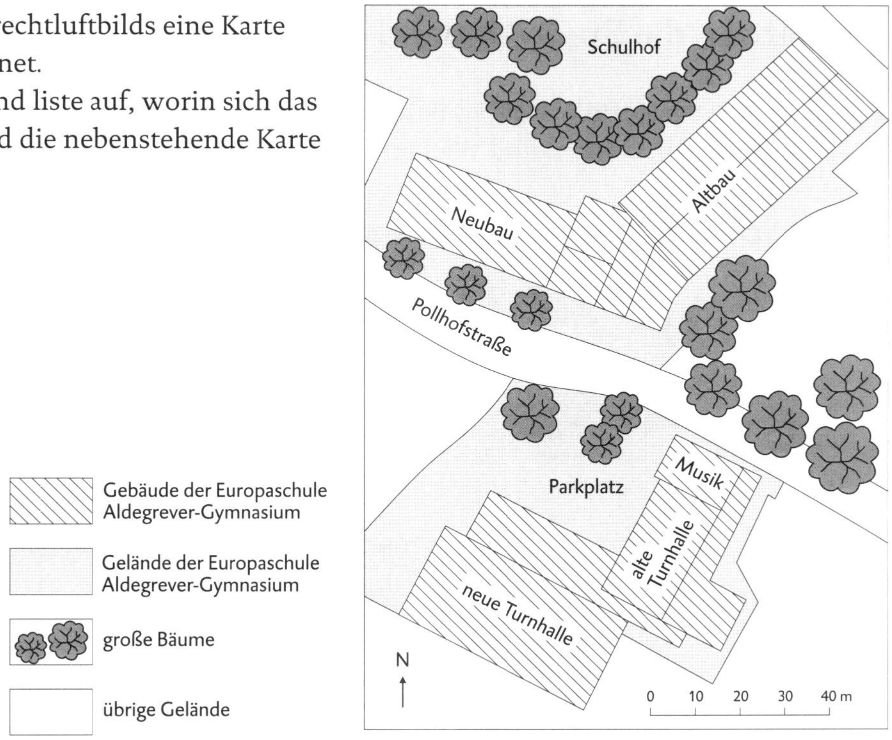

Senkrechtluftbild	Karte

13 Beschreibe mithilfe des Luftbildes von Google Earth die Lage innerhalb der Stadt sowie das Aussehen deiner eigenen Schule.

14 Zeichne mithilfe des Luftbildes von Google Earth eine Karte deiner Schule.

15 Überprüfe auf einem Rundgang über das Schulgelände, ob deine Karte stimmt. Verbessere sie, falls notwendig.

Wir lernen die Stadt-Umland-Beziehungen kennen

Nicht nur eine Stadt erfüllt viele Funktionen, sondern auch ihr Umland. So ergänzt das Umland u. a. mit seinen Feldern, Dörfern und Wäldern die Stadt.

M 5 Schaubild Stadt-Umland-Beziehung

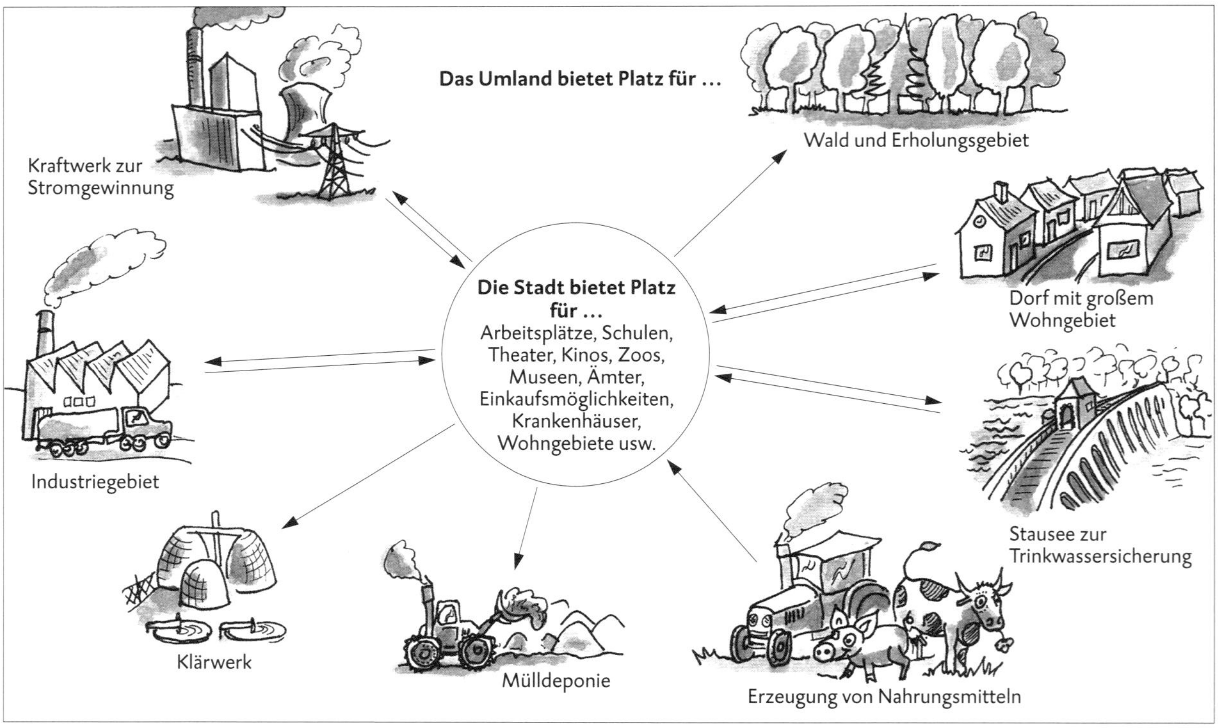

16 Erkläre, was mit Stadt-Umland-Beziehung gemeint ist.

____

____

17 Nenne fünf Einrichtungen, die du der Stadt bzw. dem Umland zuordnen kannst.

Stadt	Umland
Universität, …	Klärwerk, …

18 Erkläre die Funktion der Pfeile im Schaubild. Schreibe, wenn nötig, in dein Heft.

____

____

Wir lernen unsere Landeshauptstadt Düsseldorf kennen

19 Setze folgende Begriffe in den Lückentext ein.

Flughafen, Düsseldorf, Düssel, Landeshauptstadt, City, Großstadt, Rush-Hour, Medienhafens, Hochschulen, Königsallee, Pendler

M 6 Düsseldorf

____________ ist die ____________ von Nordrhein-Westfalen. Mit 577 000 Einwohnern ist Düsseldorf eine ____________. Vom Funkturm siehst du nicht nur den Rheinhafen, die berühmte Kirmes auf den Rheinwiesen sowie die großen Rheinbrücken, sondern auch den Landtag. Übrigens, der Name der Stadt wurde von einem kleinen Fluss, der ____________, abgeleitet.

In der ____________ von Düsseldorf gibt es über 4 000 Geschäfte. Dabei ragt besonders die exklusive Einkaufsstraße, die ____________ heraus. Auch gilt Düsseldorf aufgrund von über 900 Betrieben allein aus der Werbebranche als die kreative Stadt am Rhein. Viele Leute aus der Werbebranche arbeiten in den schiefen Türmen des ____________. Daneben wohnen hier europaweit die meisten Japaner. Ach, und nicht vergessen solltest du den ____________ mit 16 Millionen Passagieren jährlich, die ____________ mit rund 34 000 Studenten, die Oper und die Altstadt am Rhein. Täglich kommen rund 230 000 ____________ zur Arbeit nach Düsseldorf. Darum sind in der ____________ die Straßen sehr voll.

20 Beschreibe mithilfe deines Atlas die Lage von Düsseldorf.

____

____

21 Welche Einrichtungen auf dem Bild (M 6) werden schon im Text angesprochen?

____

____

____

____

Wir orientieren uns in einer Stadt – Düsseldorf

*Lena und ich wollen uns heute Düsseldorf anschauen.
Wir sind am Hauptbahnhof in die U-Bahn gestiegen und bis zur Station „Heinrich-Heine-Allee“ gefahren.
Nun stehen wir dort, wo der Pfeil ist.
Kannst du uns weiterhelfen?*

M 7 Stadtplan Düsseldorf

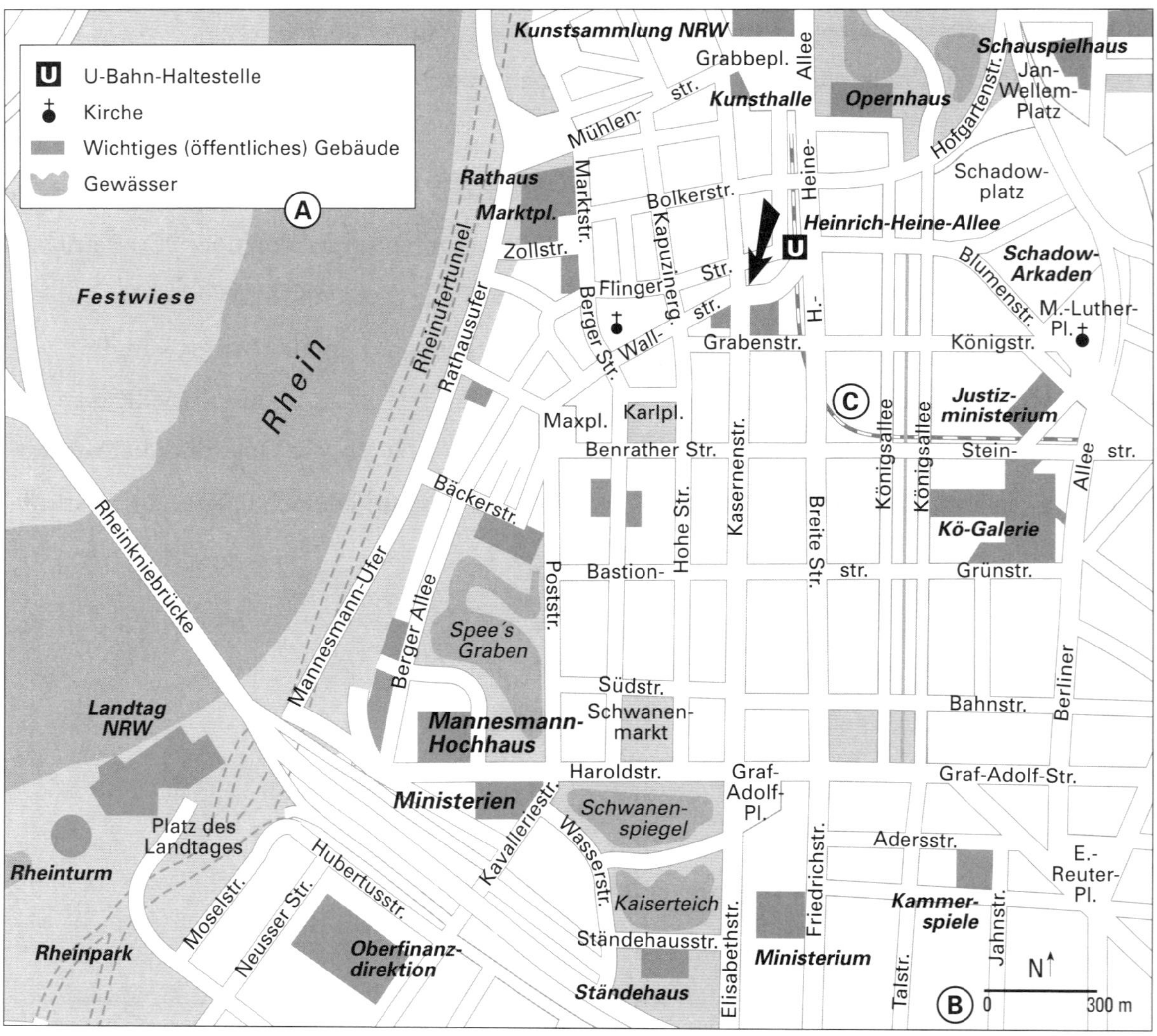

22 In einer Karte gibt es verschiedene Bestandteile, die dir das Arbeiten vereinfachen sollen. Benenne die mit A, B und C beschrifteten Bestandteile.

A Hier ist dargestellt, wie bestimmte Dinge in einer Karte aussehen: ______________________

B Dieses Symbol zeigt dir, wo Norden ist: ______________________

C Dies ist keine Bahnschranke, sondern: ______________________

23 Suche auf der Karte die angegebenen Straßen und zeichne sie in den folgenden Farben nach: Königsallee (blau), Wallstraße (grün), Zollstraße (gelb)

24 Lena und Paul wollen zunächst einmal in der Kö-Galerie einkaufen. Suche auf der Karte den kürzesten Weg vom Standort der beiden Kinder (Pfeil) bis zur Kö-Galerie und zeichne ihn rot ein.

25 Ein Abgeordneter will den beiden Kindern den Landtag von NRW von innen zeigen. Suche auf der Karte den kürzesten Weg von der Kö-Galerie bis zum Landtag und zeichne ihn grün ein.

26 Nach all den interessanten Eindrücken wollen sie eine Kleinigkeit essen. Ein Freund hat ihnen einen Imbiss in der Zollstraße empfohlen. Markiere den kürzesten Weg vom Landtag zur Zollstraße.

27 Müde, aber glücklich gehen die beiden wieder zurück zu ihrem ursprünglichen Standort (Pfeil). Paul behauptet, dass sie heute mehr als 6 km gewandert sind. Überprüfe Pauls Aussage mithilfe deines Geodreiecks und der Maßstabsleiste.

28 Zeichne ein Bild, wie du Düsseldorf siehst. Du kannst auch im Internet, in Zeitschriften etc. nach Fotos von Düsseldorf suchen und damit eine Collage gestalten.

Wir verorten städtische Verdichtungsräume in Deutschland

M 8 Deutschland

29 Male die Verdichtungsräume rot aus. Benenne sie mithilfe deines Atlas. Trage ihre Namen in die weißen Kästchen der Karte M 8 ein.

30 Trage die Namen der Nachbarländer Deutschlands in die grauen Kästchen der Karte M 8 ein.

Wir kontrollieren unser Wissen – Siedlungen

31 Löse das Kreuzworträtsel. Für ß schreibst du ss, für ä ae, für ö oe und für ü ue.

Waagerecht von oben nach unten:
- Berlin, Köln und Düsseldorf sind …
- Ein Gebiet, in dem Menschen wohnen:
- Busse und Bahnen sind V…
- Leute, die zur Arbeit in die Stadt fahren:
- Die Zeit, zu der Pendler in die Stadt kommen bzw. diese wieder verlassen:
- Der Bereich der Stadt, in dem keine Autos fahren:
- Eine kleine Siedlung:
- Der zentralste Bereich einer Stadt:
- Ein Gebiet, in dem sowohl Menschen wohnen als auch Geschäfte zu finden sind:

Senkrecht von links nach rechts:
- Bezeichnung für die Einheit „Einwohner pro km^2":
- Hier stehen meistens die ältesten Häuser einer Stadt:

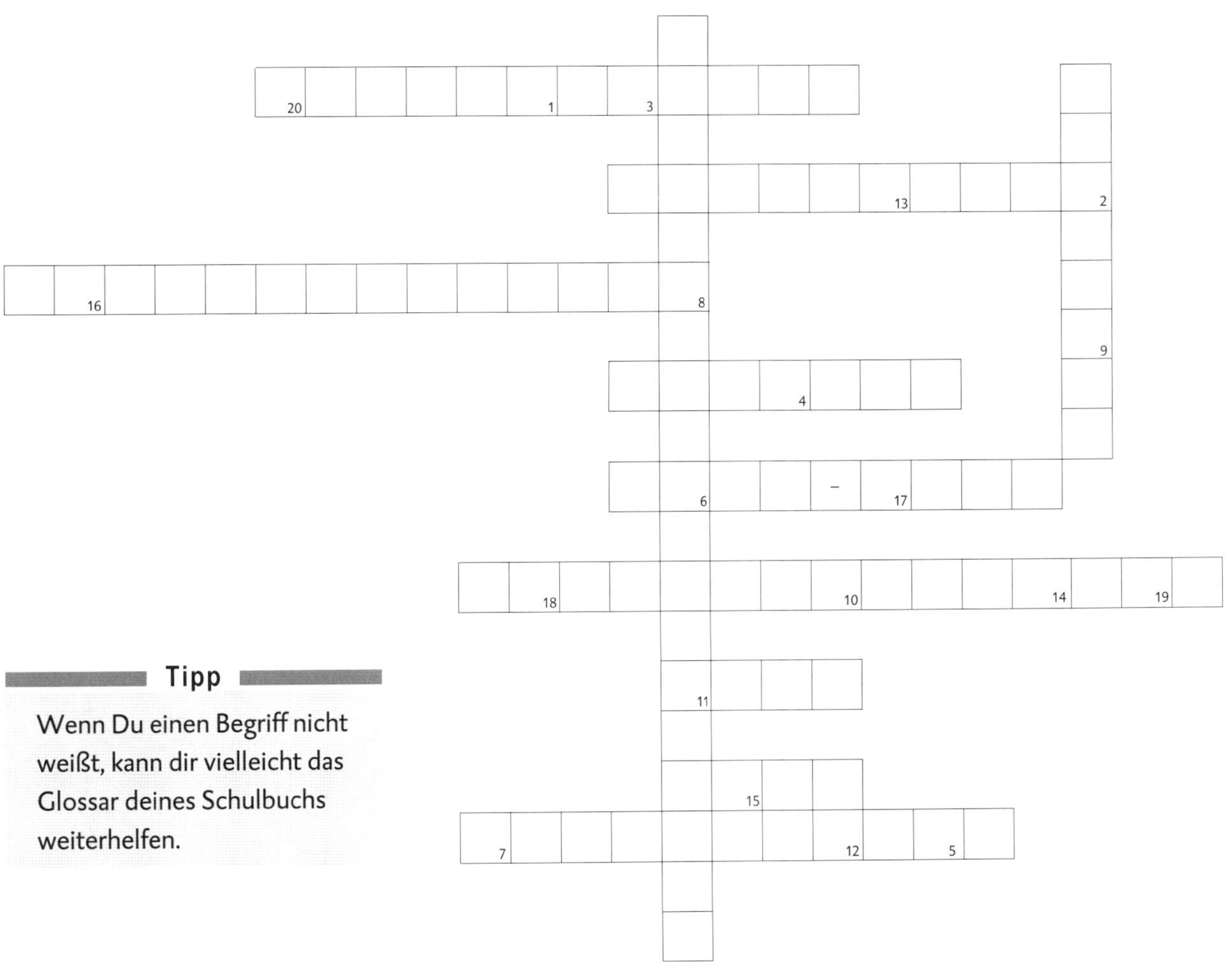

Tipp

Wenn Du einen Begriff nicht weißt, kann dir vielleicht das Glossar deines Schulbuchs weiterhelfen.

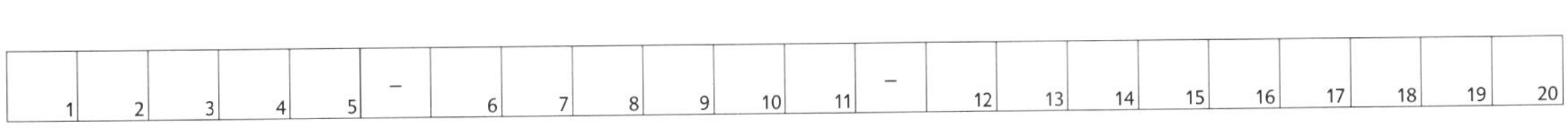

32 Erkläre das Lösungswort des Kreuzworträtsels mit eigenen Worten.

33 Welcher Begriff passt nicht in die Reihe? Begründe deine Antwort.

a Wohngebiet, Mischgebiet, Gewerbegebiet und Bahnhofsgebiet

b Wohngebiet, Innenstadt, Grünfläche und Gewerbegebiet

c Düsseldorf, Pendler, Großstadt und Landeshauptstadt

34 Nenne jeweils vier Argumente für ein Leben in der Stadt und in einem Dorf.

Argumente für ein Leben in einer Stadt	Argumente für ein Leben in einem Dorf

35 Nenne fünf städtische Verdichtungsräume in Deutschland.

36 Ordne folgende Städte nach ihrer Einwohnerzahl. Beginne mit der größten Stadt: Düsseldorf, Berlin, Dortmund, Köln, Essen, München, Hamburg, Frankfurt am Main.

37 Führe in deiner Familie oder unter Bekannten eine Befragung zu folgendem Thema durch: „Warum lebst du auf dem Dorf bzw. in der Stadt"?
Präsentiere deine Ergebnisse deinen Mitschülerinnen und Mitschülern.

Wir lernen Wirtschaftsräume kennen

Wir lernen die drei Wirtschaftsektoren kennen

M 1 Wirtschaftssektoren

Man unterscheidet in der Wirtschaft zwischen drei Bereichen:
Zum **Primärsektor** oder 1. Sektor gehören Betriebe, die Rohstoffe für weitere Produkte liefern. Hierzu zählen die Landwirtschaft, die Forstwirtschaft und die Fischerei.
Der **Sekundärsektor**, auch 2. Sektor genannt, umfasst das produzierende Gewerbe. Hier werden Rohstoffe verarbeitet (z. B. Hüttenwerke, Autoindustrie, Handwerk).
Der 3. Sektor ist der **Tertiärsektor**. Er wird auch Dienstleistungssektor genannt, da zu ihm alle Unternehmen gehören, die Dienstleistungen erbringen, aber selbst keine Waren herstellen (z. B. Banken, Reiseunternehmen, Frisörläden oder Hotels).
Im Jahr 2007 arbeiteten in Deutschland ungefähr 0,8 Millionen Beschäftigte im Primärsektor, 11,9 Millionen im Sekundärsektor und 27,3 Millionen im Tertiärsektor.

1 Ordne die folgenden Unternehmen einem Sektor zu. Begründe deine Zuordnung.

a Das BMW-Werk

____

b Ein Computergeschäft

____

c Das Reiseunternehmen TUI

____

d Ein Biobauer

____

e Ein Computerhersteller

____

2 Erkläre, wieso man den Tertiärsektor auch als Dienstleistungssektor bezeichnet.

____

____

3 Welcher Begriff passt nicht in die Reihe? Überlege genau und stelle deine Ergebnisse deinem Nachbarn begründet vor.

a 3. Sektor, Dienstleistungssektor, Bank, Tertiärsektor

b Krabbenfischer, Landwirt, Fischverkäufer, Waldarbeiter

4 Zeichne ein Säulendiagramm zu den im Text M 1 genannten Beschäftigten in den drei Wirtschaftssektoren. Werte das Diagramm anschließend mithilfe der Methodenbox aus.

Methodenbox

So gehst du bei der Auswertung von Diagrammen vor:

1. Orientiere dich.
   - Nenne Titel, Zeitraum und Diagrammtyp.
   - Mache eine Leseprobe: Benenne einen Wert und dessen Aussage.
2. Beschreibe den Inhalt.
   - Nenne die wichtigsten Aussagen des Diagramms.
   - Benenne alle Auffälligkeiten (besonders hohe/niedrige Werte)
3. Erkläre den Inhalt.
   - Finde eine Erklärung für die Aussagen des Diagramms.

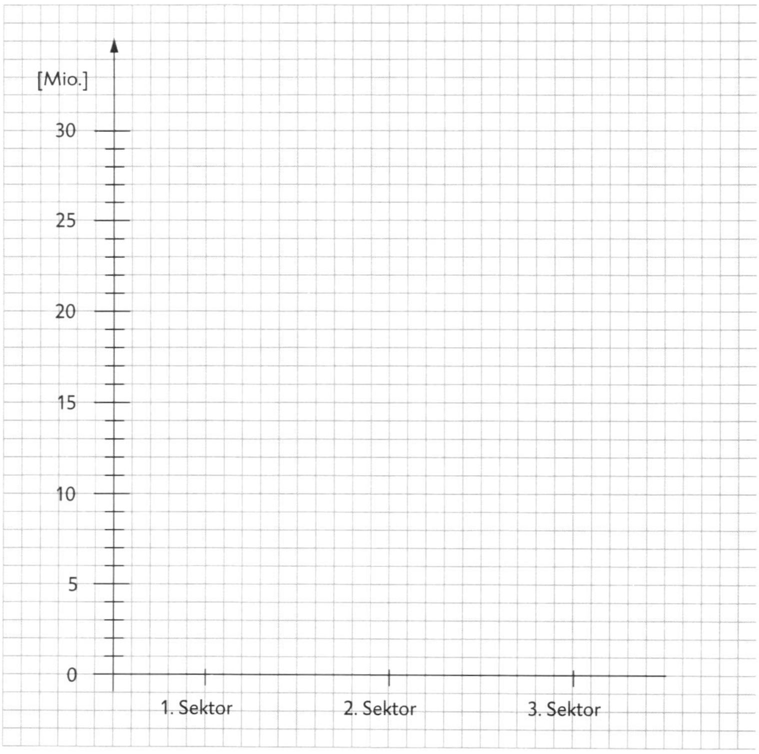

Wir erkunden den landwirtschaftlichen Betrieb von Familie Kind

Familie Kind wohnt ganz in der Nähe von Paul, sodass Paul und Lena mit dem Fahrrad den Bauernhof besuchen. Herr Kind begrüßt die beiden und erzählt ihnen etwas über die fruchtbaren Böden der Soester Börde.

Hallo Lena, hallo Paul,
ihr seid hier auf einem Familienbetrieb in der Soester Börde. Der Name Börde weist darauf hin, dass wir ganz besonders fruchtbare Böden haben. Und die entstanden so: In der letzten Eiszeit vor über 10 000 Jahren kamen aus dem Norden riesige Eismassen, die fast bis Hamburg reichten. Diese Eismassen schoben einen Hügel, die Endmoräne, vor sich her. Schmelzwasser spülte feinen Staub vor die Endmoräne auf den Sander. Der Wind blies nun diesen feinen Staub von den Sanderflächen fort. Vor Hindernissen wie den Mittelgebirgen blieb dieser feine Staub liegen und verwitterte zu besonders fruchtbarem Lössboden. Man spricht von der „Soester Börde". Hier kann ich Zuckerrüben anbauen. Die Zuckerrübe gilt als „Königin der Feldfrüchte", da man an ihr besonders gut verdient. Wenn ich sie immer anbauen würde, würde mein Boden aber schnell unfruchtbar und Krankheiten könnten sich ausbreiten. Damit dies nicht passiert, säe ich im ersten Jahr Zuckerrüben, im zweiten Jahr Weizen und im dritten Jahr Gerste. Dann beginnt die Fruchtfolge von vorne.

5 Beschrifte die Zeichnung mit den richtigen Fachbegriffen. Herr Kind kann dir dabei helfen.

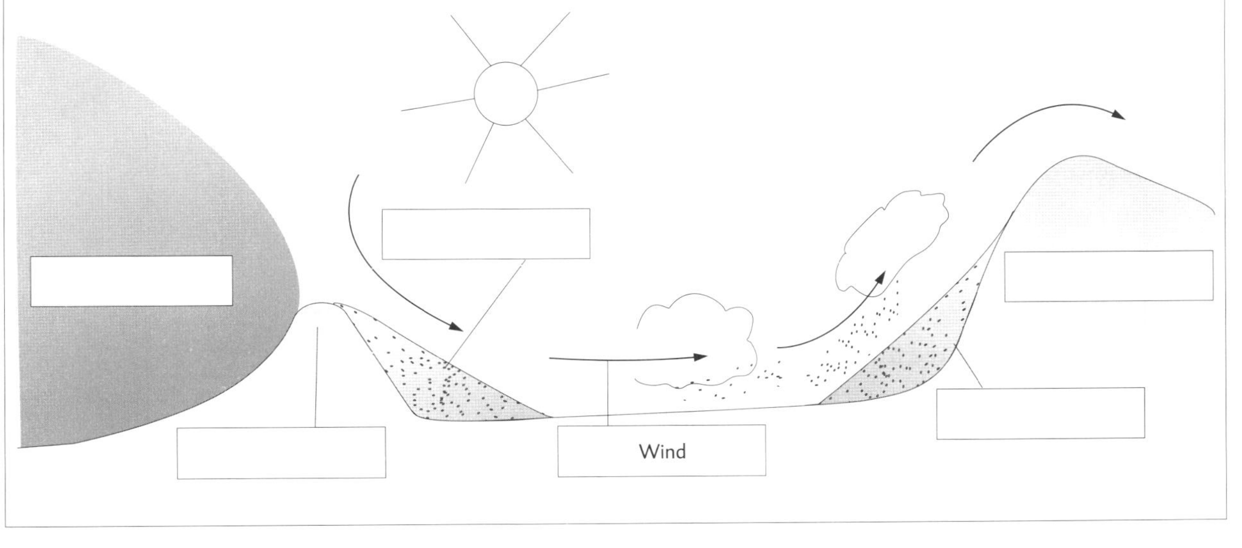

6 Erkläre deinem Nachbarn die Zeichnung mit eigenen Worten.

M 2 Landwirtschaftsgebiete in Deutschland

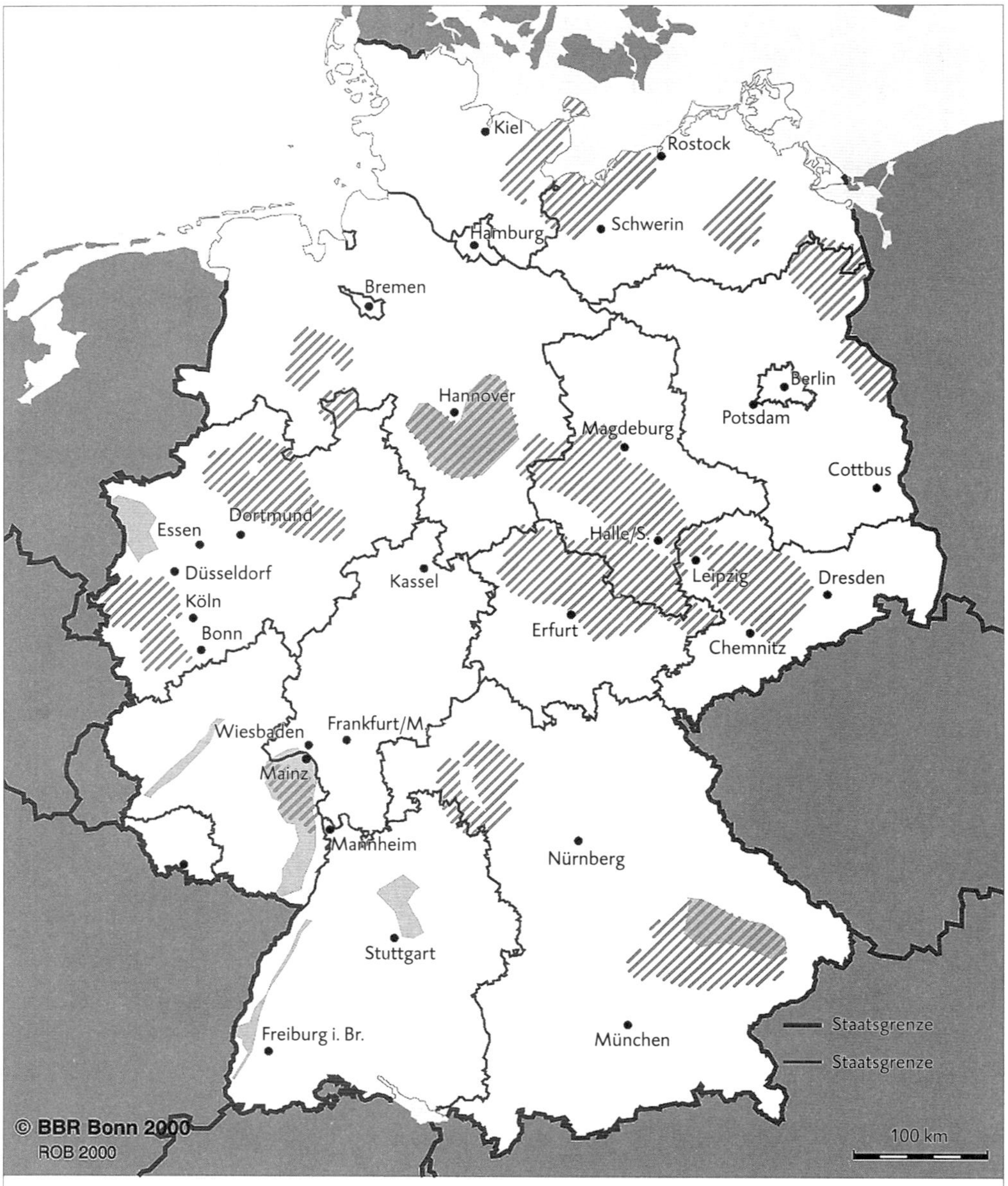

Intensiv genutzte Agrarräume

Obst, Wein und Hackfrucht

Getreide und Hackfrucht

7 Suche mithilfe deines Atlas weitere Bördelandschaften in Deutschland. Trage ihre ungefähre Lage mit farbigem Stift in die Karte M 2 ein.

8 Erläutere, warum Herr Kind nicht jedes Jahr die „Königin der Feldfrüchte“ auf allen Ackerflächen anpflanzt.

______

______

______

M 3 Landwirtschaft im Jahr 1955

M 4 Landwirtschaft im Jahr 2008

9 Die beiden Bilder stammen aus dem Kind'schen Familienalbum. In M 3 siehst du Herrn Kind als kleinen Jungen (zweiter von rechts), M 4 zeigt Herrn Kinds Sohn und dessen Frau im Jahr 2008. Beschreibe mithilfe von M 3 und M 4 Unterschiede zwischen der Landwirtschaft früher und heute.

10 Wähle zwei Werte aus der nebenstehenden Tabelle aus, die die Veränderungen im Betrieb von Bauer Kind besonders deutlich machen. Zeichne diese Werte als Säulendiagramm.

M 5 Einige Daten des Landwirtes Kind

	1955	2008
Ackerland in ha	25	70
Kühe	12	–
Schweine	60	2 000
Hühner	50	–
Arbeitskräfte	4	1
Traktoren	–	3
Pferde	3	2

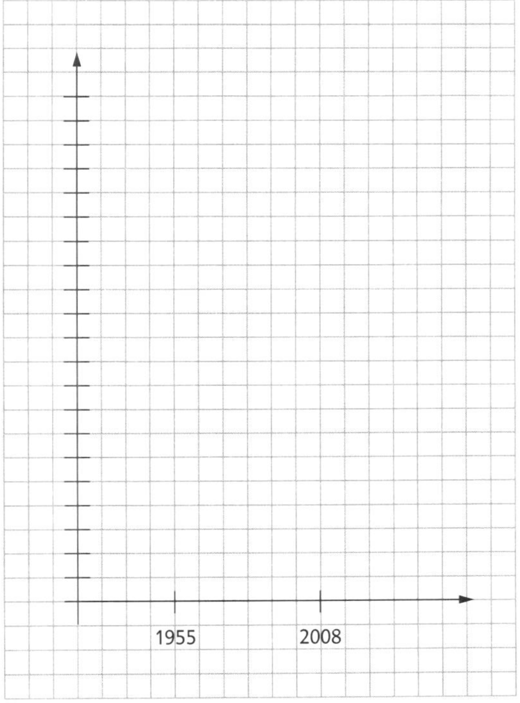

11 Werte dein Diagramm aus (vgl. Methodenbox auf S. 26).

Die Landwirtschaft verändert sich immer weiter

Der weltweite Wettbewerb führt zu niedrigen Lebensmittelpreisen. Durch unsere zunehmende Spezialisierung können wir aber immer hochwertigere und trotzdem günstige Nahrungsmittel produzieren. Wir haben uns auf die Schweinemast und auf den Ackerbau spezialisiert. Durch die Spezialisierung auf 2 000 Mastschweine können wir uns beispielsweise eine vollautomatische Fütterungsanlage leisten.
Da eine Arbeitskraft sehr teuer ist, werden immer mehr Maschinen eingesetzt. Zugleich lassen wir alle Erntearbeiten auf unseren Äckern von einem fremden Unternehmen (Lohnunternehmen) erledigen, da wir uns als Einzelbetrieb solche großen und teuren Maschinen nicht leisten können.
Schon lange gilt das Motto: „wachsen oder weichen". Denn nur dann, wenn ein Betrieb wächst, kann er immer preiswerter produzieren. Deshalb wird es immer weniger Landwirte mit immer größeren Betrieben geben.

12 Lies dir genau durch, was Frau Kind sagt. Markiere alle wichtigen Aspekte mit einem Textmarker.

13 Erkläre das Motto „wachsen oder weichen" mit eigenen Worten.

____

____

14 Zu welchem Wirtschaftssektor gehört der Bauernhof von Familie Kind? ____________________

15 Versuche, das Schaubild von Professor Schweineöhrchen deinem Nachbarn mit eigenen Worten zu erklären.

16 Lasse dir nun von deinem Nachbarn das Schaubild erklären.

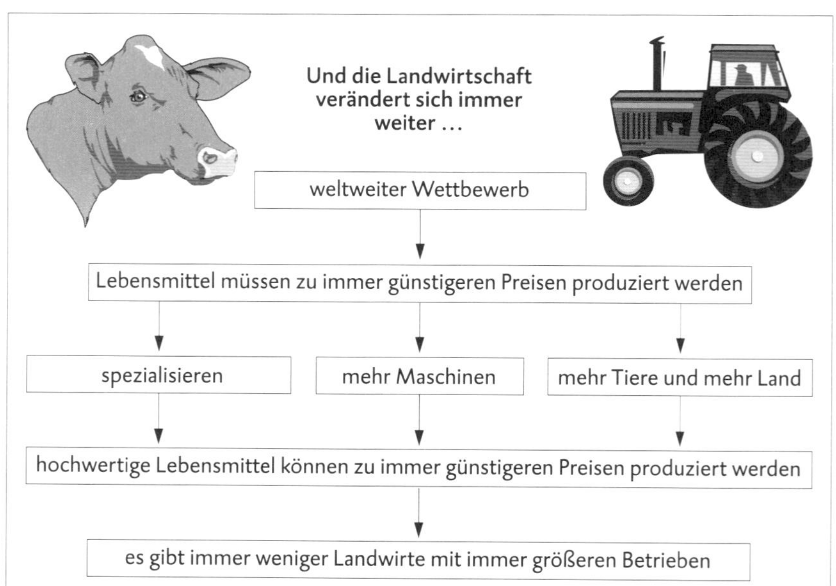

Wir lernen den Kreislauf des Wassers kennen

M 6 Das Wasser auf der Erde

Die **Ozeane** sind die größten Wasserspeicher der Erde. Sie bedecken den größten Teil der Erdoberfläche. Die **Sonne** erwärmt das Wasser. Es entsteht **Wasserdampf**, der aufsteigt. In der Höhe kühlt der Wasserdampf ab und es entstehen **Wolken**. Vor Hindernissen wie Bergen kommt es zu Steigungsregen. Das Wasser fällt als **Niederschlag** in Form von Regen, Schnee oder Hagel zu Boden. Die Form des Niederschlags hängt von der Temperatur ab.

Fallen die Niederschläge auf die Erde, **versickern** sie ins **Grundwasser**. Über den Grundwasserfluss gelangt das Wasser unterirdisch wieder in einen Ozean. Regenwasser kann auch über Bäche, **Flüsse** und Seen oberirdisch ins Meer fließen. **Seen** sowie Eis und Schnee speichern das Süßwasser. Das meiste Süßwasser ist an den Polen sowie in einigen Hochgebirgen als **Schnee und Eis** gespeichert.

Im **Wasserkreislauf** geht kein Wasser verloren, es ändert nur seinen Zustand. Doch aufgepasst, von 1 000 l Wasser sind nur ca. 27 l Süßwasser und sogar nur knapp 2,5 l Trinkwasser. Also gehe sorgsam mit diesem wertvollen Rohstoff um.

17 Beschrifte mithilfe des Textes M 6 das nebenstehende Schaubild M 7.

18 Erläutere, warum du sorgsam mit dem kostbaren Rohstoff Wasser umgehen sollst.

____

____

____

____

____

____

____

____

M 7 Der ______________________________

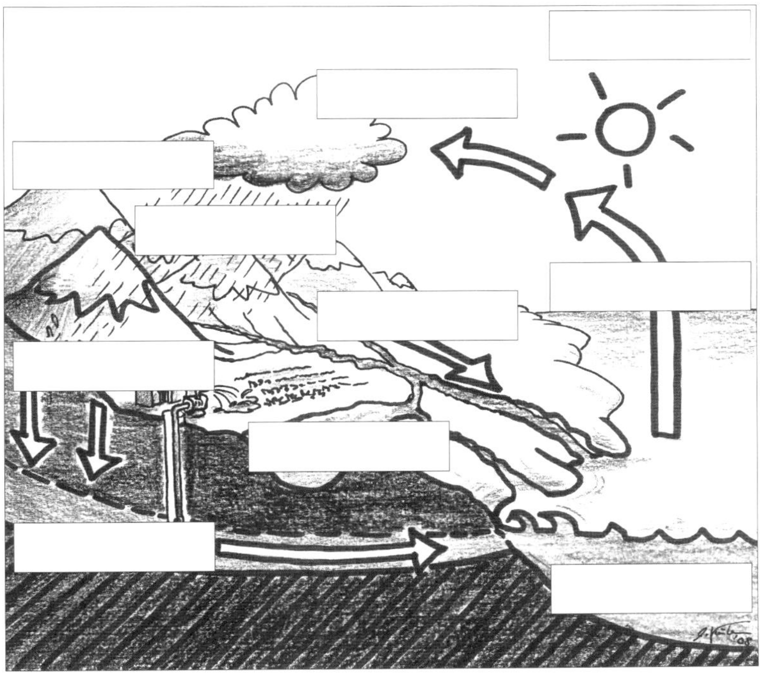

19 Erkläre, warum es so wichtig ist, dass das Eis an den Polen nicht schmilzt.

____

____

Wir untersuchen den Wassermangel in Spanien

Während Lena im Februar frische spanische Erdbeeren nascht, entdeckt sie diesen Zeitungsartikel.

Erdbeeren bedrohen Nationalpark

Spanien. Im spanischen Huelva in der Nähe von Sevilla sorgen 2 000 Bauern dafür, dass uns die süßen Erdbeeren nie ausgehen. Wo früher Bäume wuchsen, stehen heute Plastikgewächshäuser. Die Plastikfolien der Gewächshäuser überziehen ganze Landstriche.

Der Erdbeeranbau ist ein sehr lohnendes Geschäft. So sind die Bauern von Huelva die reichsten in ganz Spanien. Doch das Wasser ist hier sehr knapp. Um den Durst der Erdbeeren zu löschen, bohren die Bauern immer tiefere Brunnen. So berichtet der Erdbeerbauer Juan, dass er heute aus 30 Metern Tiefe das Grundwasser pumpen muss – vor 12 Jahren lag der Grundwasserspiegel noch bei sieben Metern.

Alle Erdbeerfelder Huelvas zusammen brauchen im Jahr 20 000 000 000 Liter Wasser für eine Ernte von 200 000 Tonnen. Die Hälfte der Ernte geht in den Export, davon ca. 45 000 Tonnen nach Deutschland. Durch den enormen Wasserverbrauch sinkt der Grundwasserspiegel in Huelva Tag für Tag dramatisch, während man bei uns schon im Februar Erdbeeren kaufen kann. Mit den Erdbeeren wird also im Grunde Wasser in wasserreiche Länder wie Deutschland exportiert.

Besonders betroffen von der Wasserknappheit ist der Nationalpark Coto de Doñana. Er ist eines der letzten großen Feuchtgebiete Europas. Das einzigartige Gebiet für viele seltene Tiere droht durch die illegale Wasserentnahme der Erdbeerwirtschaft auszutrocknen. Viele Zugvögel machen im Herbst hier Rast und stärken sich für die kräftezehrende Weiterreise ins afrikanische Winterquartier. Sie sind auf das Wasser ebenso angewiesen wie diejenigen, die den ganzen Sommer hier leben.

20 Verorte den Ort Huelva und den Nationalpark Coto de Doñana mithilfe einer geeigneten Atlaskarte.

21 Liste in einer Tabelle die Vor- und Nachteile des Erdbeeranbaus in Huelva auf. Beachte dabei die Bauern, uns und den Nationalpark Coto de Doñana.

Erdbeerbauern		Wir als Erdbeeresser		Nationalpark Coto de Doñana	
Vorteile	Nachteile	Vorteile	Nachteile	Vorteile	Nachteile

22 Bewerte mithilfe deiner gesammelten Vor- und Nachteile den Erdbeeranbau in Huelva. Begründe deine Bewertung.

23 Erkunde in deinem Supermarkt, woher die dort angebotenen Erdbeeren kommen.

Standortfaktoren – eine Entscheidungsgrundlage für die Industrie

Bevor sich ein Unternehmen für einen Standort entscheidet, wird es prüfen, ob möglichst alle Voraussetzungen für eine Ansiedlung erfüllt sind: Es untersucht die speziellen Standortfaktoren für seine Bedürfnisse.

M 8 Ausgewählte Standortfaktoren für die Industrie

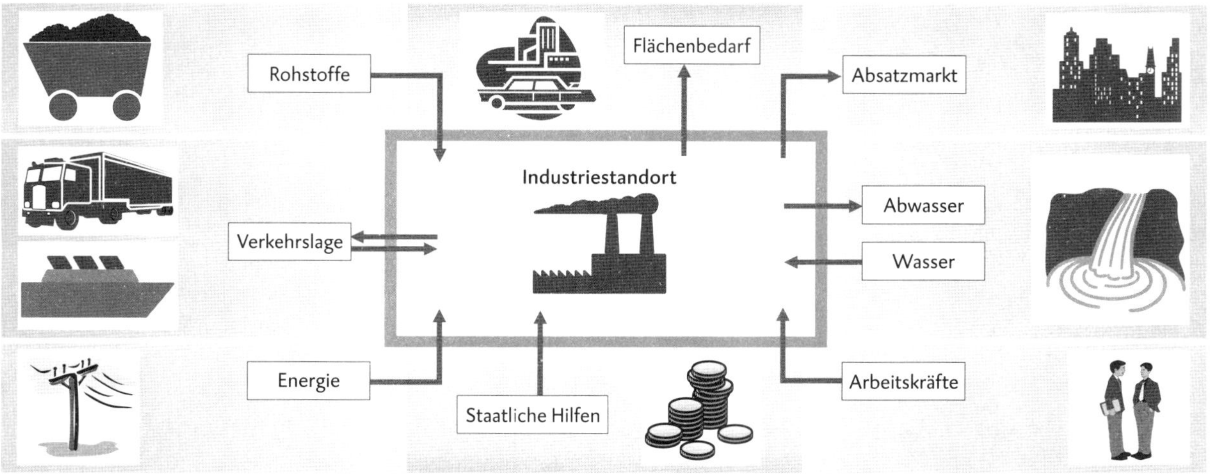

M 9 Ein Hüttenwerk

In einem Hüttenwerk werden aus Eisenerz und Kokskohle Eisen und Stahl gewonnen. Die riesigen Mengen an Erz und Kohle können am besten mit großen Schiffen angeliefert werden. Günstig ist ein eigener Hafen oder die unmittelbare Nähe zu Steinkohle- und Erzbergbau.
Das fertige Eisen und Stahl kann per Zug zur Weiterverarbeitung in Walzwerke verschickt werden. Zudem benötigt man eine große Fläche für das Hüttenwerk und viele Facharbeiter.

M 10 Ein Autohersteller

Um die Kosten möglichst niedrig zu halten, werden die meisten Einzelteile eines Autos von kleineren Zulieferfirmen hergestellt. Im Autowerk werden sie nur noch zusammengebaut. Also muss das Werk gut per Lkw erreichbar sein. Neben vielen einfacheren Arbeitern benötigt man für die Entwicklungsabteilung, in der neue Modelle entstehen, hoch qualifizierte Arbeitskräfte. Zudem braucht man eine große Fläche für das Autowerk.

24 Markiere in M 8 alle Standortfaktoren rot, die für ein Hüttenwerk besonders wichtig sind.

25 Suche mithilfe einer Atlaskarte ein Hüttenwerk im Ruhrgebiet und überprüfe, ob du einige der markierten Standorte wiederfinden kannst.

26 Markiere in M 8 alle Standortfaktoren grün, die für einen Autohersteller besonders wichtig sind.

27 Erkläre, warum sich die Standortfaktoren der beiden Unternehmen unterscheiden.

Standortfaktoren sind auch wichtig für den Dienstleistungssektor

Auch im Dienstleistungssektor gilt, dass bei fast jeder Unternehmensart andere Standortfaktoren entscheidend sind. So ist es für eine Tankstelle wichtig, an einer viel befahrenen Straße zu liegen, während für einen Buchladen eine Fußgängerzone günstiger ist.

M 11 Einige ausgewählte Standortfaktoren aus dem Dienstleistungsbereich

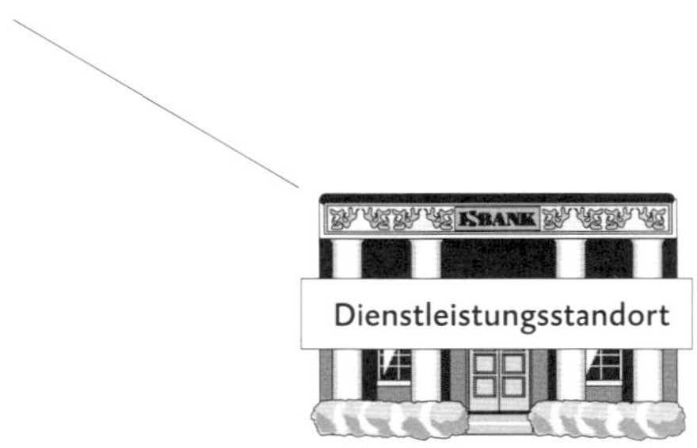

28 Entwickle ein Schaubild zu wichtigen Standortfaktoren aus dem Dienstleistungsbereich. Zeichne das Schaubild in den dafür vorgesehenen Kasten M 11.

29 Sammle mithilfe von M 12 und M 13 die wichtigsten Standortfaktoren für einen Handyladen sowie einen Heimwerkermarkt. Schreibe in die Tabelle auf der nächsten Seite.

M 12 Ein Handyladen

Du benötigst nur wenig Verkaufsfläche. Deshalb können die Mietkosten pro m^2 auch höher liegen. Es ist wichtig, dass viele Kunden dein Geschäft zu Fuß erreichen können. Gut wäre auch, wenn die Kunden häufig vorbeikommen, um die neuesten Handymodelle zu sehen.

M 13 Ein Heimwerkermarkt

Morgens, bevor du dein Geschäft eröffnest, liefern zahlreiche Lkws Waren an. Um alle Artikel ausstellen zu können, brauchst du eine sehr große Fläche. Viele Artikel sind so schwer, dass deine Kunden sie nur mit ihrem Auto transportieren können. Deshalb benötigst du auch einen großen Parkplatz.

Standortfaktoren für einen Handyladen	Standortfaktoren für einen Heimwerkermarkt

30 Überlege dir möglichst genau die optimalen Standorte für die beiden Geschäfte innerhalb deiner Stadt. Begründe deine Entscheidung.

Ein Handylanden würde optimal …

Der optimale Standort für einen Heimwerkermarkt wäre …

31 Nenne drei weitere Unternehmen aus dem Dienstleistungssektor. Begründe auch hier jeweils den optimalen Standort.

Unternehmen 1:

Unternehmen 2:

Unternehmen 3:

Wir verorten wichtige Wirtschaftsräume in Mitteleuropa

M 14 Industrieregionen und Dienstleistungszentren in Mitteleuropa

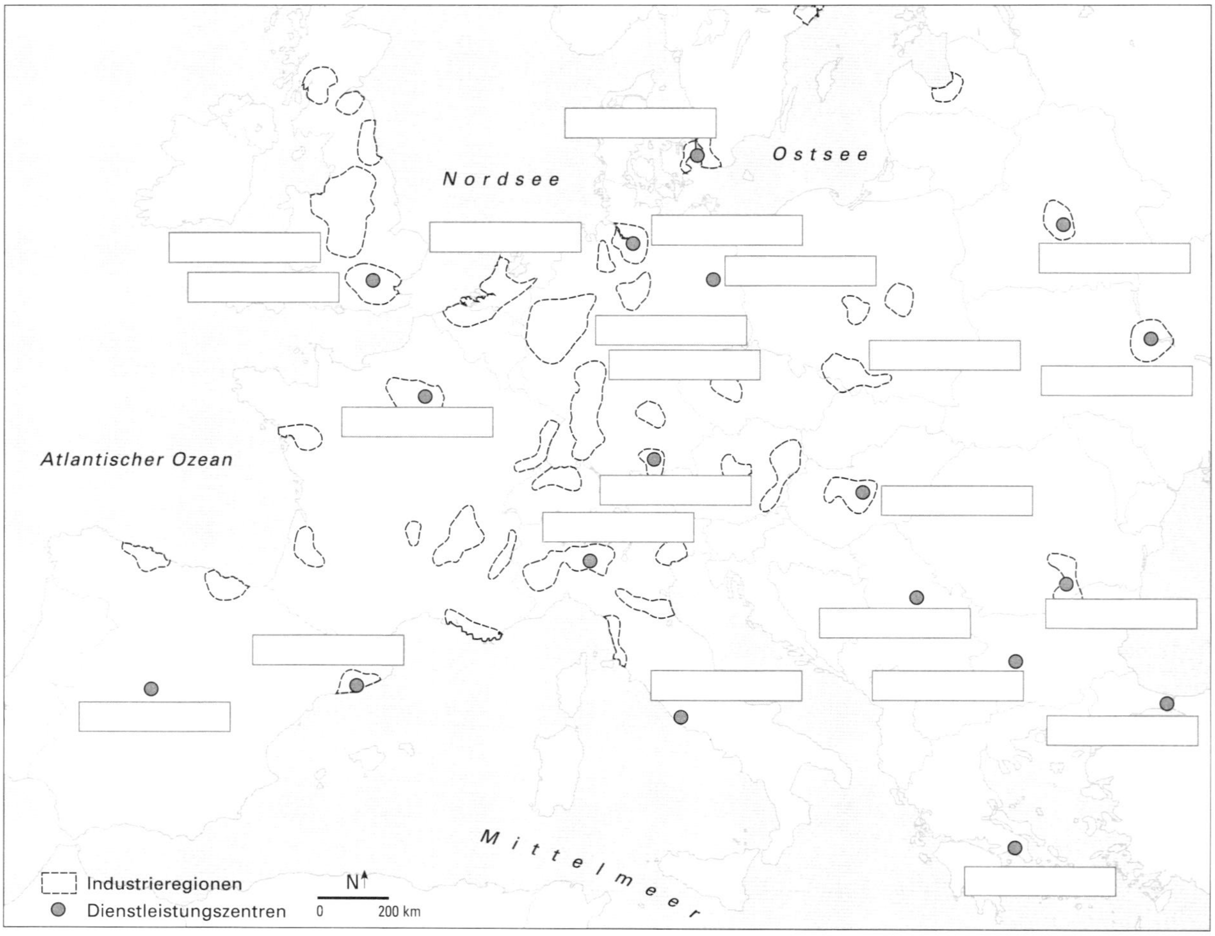

32 Beschrifte die fehlenden Namen der Dienstleistungszentren und Industrieregionen in M 14.

33 Markiere die Dienstleistungszentren mit roter Farbe. Male die Industrieregionen mit violetter Farbe aus.

34 Notiere, in welchen Ländern sowohl bedeutende Dienstleistungszentren als auch wichtige Industrieregionen liegen. Dies sind die wirtschaftlichen Zentren Europas.

Wenn Standortfaktoren sich ändern – das Ruhrgebiet

Paul und Lena versuchen verzweifelt, die folgende Frage zu klären: Wieso sind im Ruhrgebiet seit 1955 rund 450 000 Arbeitsplätze im Steinkohlebergbau verloren gegangen?

M 15 Steinkohle aus dem Ruhrgebiet

Heute fördert ein Bergmann aufgrund des Maschineneinsatzes mehr als dreimal so viel Kohle wie im Jahr 1960. Doch je tiefer die Steinkohle liegt, desto aufwendiger ist ihre Förderung. Zurzeit wird im Ruhrgebiet aus einer Tiefe von 1 200 m Steinkohle abgebaut. Um die Steinkohle aus dem Ruhrgebiet trotzdem verkaufen zu können, bezahlt der deutsche Staat über die Hälfte der Kosten (rund 80 Euro pro Tonne) dazu. Diese Hilfe nennt man Subvention. In Polen, Australien oder den USA kann Steinkohle ganz einfach über Tage abgebaut und per Schiff günstig nach Deutschland transportiert werden.

M 16 So viel Steinkohle wurde im Ruhrgebiet gefördert

Jahr	Mio. Tonnen
1955	112
2007	16

M 18 Steinkohlepreise 2007 in Deutschland (in Euro/Tonne)

	Euro
aus dem Ruhrgebiet	159
aus dem Ausland (Importkohle)	78

M 17 Von der in Deutschland verwendeten Steinkohle (in Mio. Tonnen) stammen:

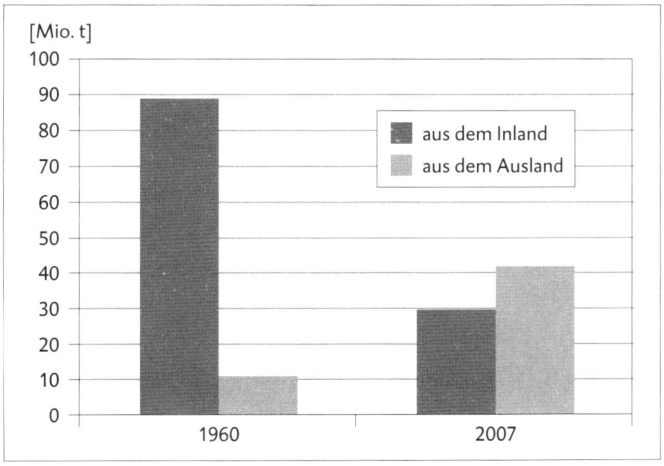

M 19 Querschnitt durch die Flöz führenden Schichten – von der Ruhr bis zur Nordsee

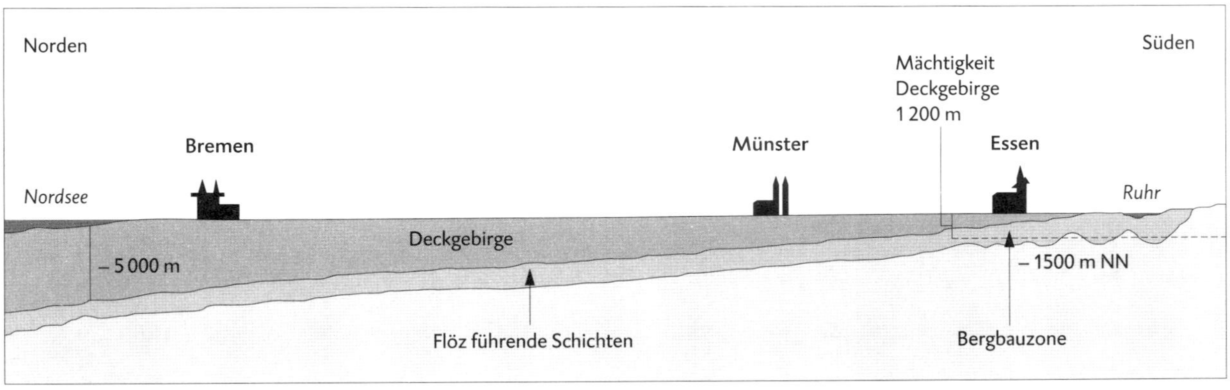

35 Warum sind im Ruhrgebiet seit 1955 so viele Arbeitsplätze im Steinkohlebergbau verloren gegangen? Du sollst mithilfe der Materialien M 15–M 19 die Ursachen für diese Entwicklung suchen und diese kurz darstellen. Lies dir zur Vorbereitung zunächst die Methodenbox durch.

Methodenbox

Vernetzte Auswertung

Bei der vernetzten Auswertung geht es darum, dass deine Aussagen zu den einzelnen Materialien zu einer „vernetzten", d. h. miteinander verbundenen und aufeinander bezogenen Gesamtaussage führen.
Dabei gehst du am besten so vor:

1. Werte jedes Material einzeln aus (vgl. Methodenbox auf S. 26). Notiere dabei die wichtigste Aussage des jeweiligen Materials.
2. Überlege dir, wie die Einzelaussagen zusammenhängen.
3. Fasse deine Aussagen in einem zusammenhängenden Text zusammen. Gib hinter jeder Information an, welchem Material du sie entnommen hast.
   Beispiel: *Da die Steinkohle im Ruhrgebiet aus einer Tiefe von rund 1 200 m gefördert werden muss (M 15), ist sie mit 159 Euro fast doppelt so teuer wie Importkohle mit 78 Euro (M 17).*

36 Notiere zunächst die Hauptaussagen der Materialien M 15–M 19.

37 Werte nun mithilfe der Methodenbox die Materialien vernetzt aus.

Wir untersuchen die Veränderungen im Ruhrgebiet

Im Ruhrgebiet arbeiten immer weniger Menschen im Steinkohlebergbau und in der Stahlindustrie. So sind in den letzten 50 Jahren 450 000 Arbeitsplätze im Steinkohlebergbau verloren gegangen. Lena ist erschrocken: Das sind 15-mal so viele Menschen, wie Soest Einwohner hat! Was hat sich seitdem geändert?

M 20 Entwicklung der Beschäftigten im Ruhrgebiet

	1980	1992	2004
Sek. Sektor	978 000	806 000	456 000
Tert. Sektor	779 000	926 000	1 030 000

38 Zeichne M 20 als Säulendiagramm.

Titel:

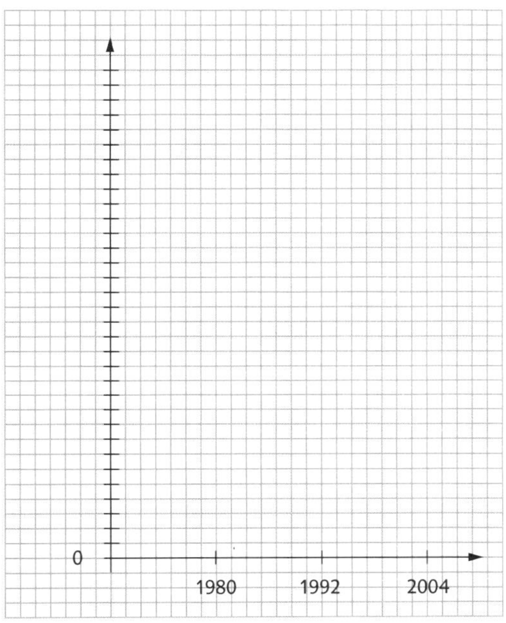

M 21 Strukturwandel im Ruhrgebiet

Dortmund. Früher prägte die Montanindustrie das Ruhrgebiet. Überall befanden sich Zechen und Stahlwerke. Mit den Absatzproblemen der Steinkohle begann sich das Ruhrgebiet zu verändern. Wo früher noch Fördertürme oder rauchende Schornsteine der Stahlwerke standen, sind heute die Werkshallen von Opel und anderer Betriebe entstanden. Zugleich blieb die Beschäftigtenzahl im Primärsektor mit 10 000 Beschäftigten fast unverändert.

Doch vor allem der Dienstleistungssektor hat an Bedeutung gewonnen: Handel, Bildung, Forschung, Verkehr, Verwaltung und Kulturbetriebe brachten neue Arbeitsplätze. So sind allein im CentrO in Oberhausen mehr als 11 000 neue Arbeitsplätze entstanden.

Diese Veränderung in der Wirtschaft und bei den Beschäftigten nennt man Strukturwandel.

39 Werte dein Säulendiagramm mithilfe der Methodenbox auf S. 26 und M 21 aus.

40 Berechne den Unterschied der Beschäftigtenanzahl 1980 und 2004.

M 22 Der Dienstleistungssektor

Früher war die Luft im „Kohlenpott" häufig stark verschmutzt. In den Stahlwerken und Zechen wurden viele einfache Arbeiter benötigt. Zwar war die Arbeit sehr anstrengend, doch verdienten die wenig ausgebildeten Arbeitskräfte recht gut.
Durch den Strukturwandel gingen im sekundären Sektor viele Arbeitsplätze verloren. Einige entstanden im Dienstleistungssektor.
Im Dienstleistungssektor unterscheidet man zwei Bereiche: Taxifahrer, Kellner oder Reinigungskräfte haben meist eine schlechte Ausbildung und erhalten geringe Löhne. Fachkräfte in Banken, Versicherungen, Forschungseinrichtungen etc. verdienen sehr gut.

M 23 Dienstleistungen – die Rettung?

41 Erkläre mithilfe von M 21 und M 22 den Begriff „Strukturwandel".

42 Beschreibe den Strukturwandel im Ruhrgebiet.

43 Beschreibe die Karikatur und werte sie mithilfe von M 22 aus.

44 Bewerte mithilfe deiner bisherigen Ergebnisse die Aussage eines Politikers: „Der Strukturwandel im Ruhrgebiet war bis heute ein voller Erfolg!"

TEST

Wir kontrollieren unser Wissen – Wirtschaftsräume

45 Setze folgende Begriffe an der richtigen Stelle ein:

Dienstleistungsbereich, Rhein, Subventionen, Wandel, Ballungsraum, Bergwerke, teurer, 480 000, 5,4 Millionen, hoch technisierten, Steinkohleflöze, Importkohle, Steinkohlevorkommen, Norden, 33 000, Hüttenwerken, Dienstleistungsbereich

Strukturwandel in einem Ballungsraum – das Ruhrgebiet verändert sich

Aufgrund der ________________ entwickelten sich im 19. Jahrhundert im Ruhrgebiet zahlreiche ________________. In den ________________ wurde die Steinkohle (Kokskohle) zur Gewinnung von Eisen und Stahl genutzt.

Da die ________________ nach Norden immer tiefer unter der Erdoberfläche liegen, wurde der Abbau immer ________________. Zugleich konnte aus dem Ausland immer preisgünstigere Kohle importiert werden. Deswegen wurde statt heimischer Kohle aus dem Ruhrgebiet immer mehr ________________ genutzt.

Trotz hoher ________________ wurden immer mehr Bergwerke geschlossen. Nur noch wenige, aber große Bergwerke befinden sich heute im ________________ des Ruhrgebiets.

Die Hüttenwerke sind an den ________________ gezogen. Hier haben sie bessere Transportmöglichkeiten.

So blieben von den ehemals ________________ Bergleuten im Jahr 1955 nur noch ________________ im Jahr 2005 übrig.

Es entstanden neue Arbeitsplätze im ________________ und in der ________________ Industrie.

Auch bei der Flächennutzung fand ein ________________ statt. Heute befinden sich auf den ehemaligen Flächen der Berg- und Hüttenwerke Einrichtungen aus dem ________________, Industrie und Wohngebiete.

Aus dem „Kohlenpott“ hat sich ein moderner und zukunftsorientierter ________________ mit ________________ Einwohnern entwickelt.

46 Kreuze die richtigen Aussagen zum Ruhrgebiet an.

- ☐ Köln ist eine Stadt im Ruhrgebiet.
- ☐ Das Ruhrgebiet ist ein Ballungsraum mit vielen Städten.
- ☐ Dortmund, Bochum, Essen und Duisburg sind alles Städte im Ruhrgebiet.
- ☐ Heute gibt es im Ruhrgebiet überhaupt keine Bergwerke mehr.

M 24 Karte von Musterhausen

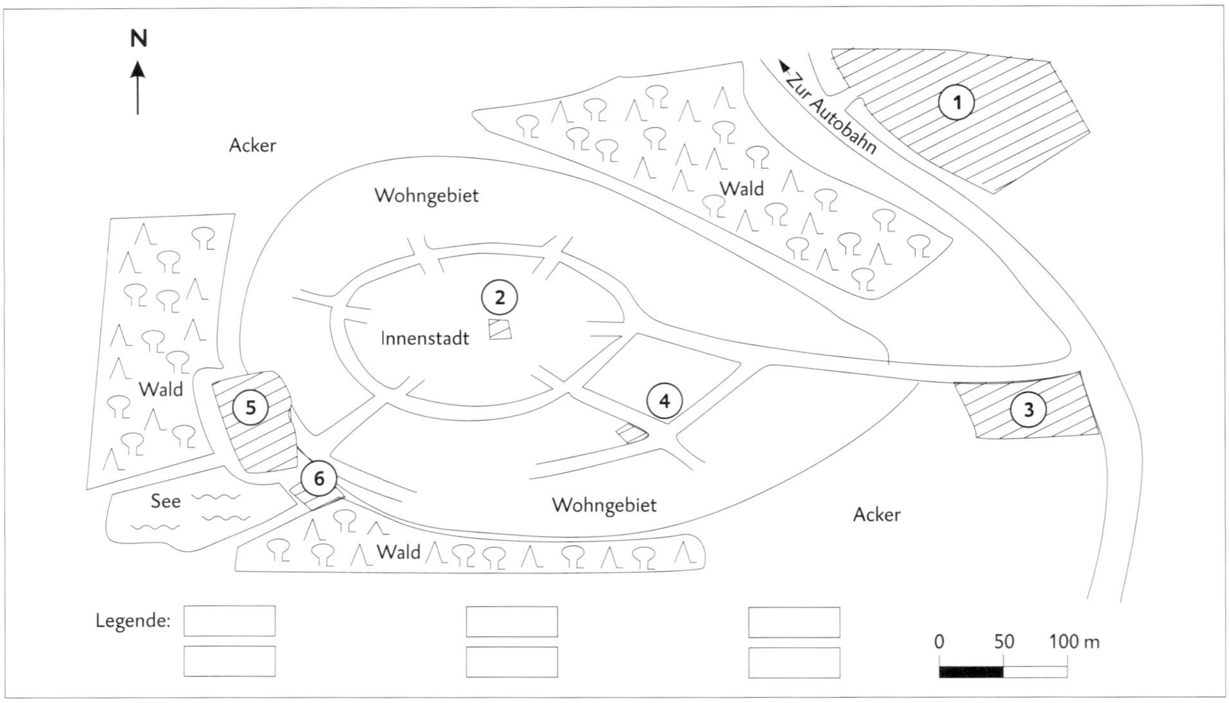

47 Gestalte die Karte M 24 mit geeigneten Farbgebungen und lege eine Legende an.

48 Ordne die sechs Betriebe möglichst optimal den Standorten auf der Karte zu. Begründe deine Zuordnung mündlich.

A Kiosk
Für unser kleines Kiosk ist besonders die Nähe zu unseren Kunden wichtig. Obwohl die Innenstadtlage schon ziemlich perfekt wäre, sind für uns dort die Mieten viel zu hoch.

B Supermarkt
Wir brauchen ein großes Grundstück für unser Geschäft und für die Parkplätze. Zudem sollte es mit dem Auto gut erreichbar sein und in der Nähe der Stadt liegen.

C Handyladen
Bei uns müssen möglichst viele Passanten vorbeikommen. Wir benötigen nur wenig Verkaufsfläche und können uns hohe Mieten leisten. Ein Auto brauchen unsere Kunden nicht.

D Café
Unsere Gäste lieben es, nach einem Spaziergang eine Tasse Kaffee und ein Stück Kuchen zu genießen. Deshalb brauchen wir einen Standort mit toller Natur und Wanderwegen.

E Kurklinik
Für uns sind die Nähe zur Natur und die ruhige Lage wichtig. Zugleich benötigen wir ein recht großes Grundstück für unsere Gebäude und die vielen Parkplätze.

F Automotorenfabrik
Für unsere Motorenherstellung benötigen wir viel Platz, eine gute Anbindung an die Autobahn und wegen des Lärms einen ausreichend großen Abstand zur Stadt.

A ◯ B ◯ C ◯ D ◯ E ◯ F ◯

Wir untersuchen die Auswirkungen unserer Freizeitgestaltung

Wir planen einen Tag in einem Freizeitpark

Paul und Lena sind begeistert. Am Samstag haben Pauls Eltern die beiden in den Freizeitpark CentrO.PARK nach Oberhausen eingeladen. Pauls Papa möchte am liebsten alle Attraktionen sehen. Hilf Lena und Paul bei der genauen Reiseplanung.

M 1 Viele Wege führen zum CentrO.PARK

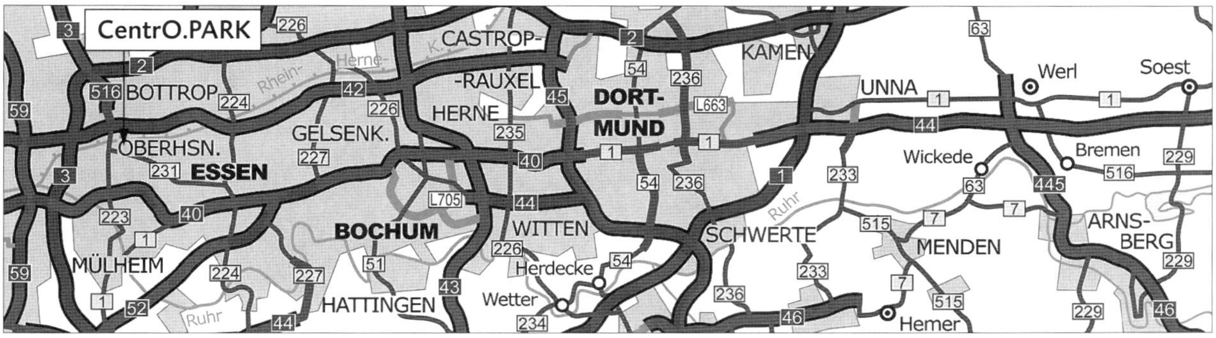

1 Plane die genaue Anfahrtsstrecke mithilfe der Autobahnkarte (M 1).

Von Soest fährt man …

2 Berechne und begründe, welcher Eintritt für unsere vier Besucher am günstigsten sein wird (M 2).

M 2 Eintrittspreise

CENTRO.PARK
Der kunterbunte Freizeitpark

Für alle, die nicht genug bekommen können:

Ticket-ohne-Grenzen ab 1,20 m **12,50 €**
Eintritt in den CentrO.PARK
und unbegrenzte Nutzung
aller Attraktionen

Familienticket **39,50 €**
Eintritt und Ticket-ohne-Grenzen
für 4 Personen in den CentrO.PARK

M 3 Attraktionen im CentrO.PARK

Gastronomie

- (5) Speedy Kiosk
- (6) Piratenklause
- (15) Farmers Garden
- (23) Inselkiosk

Abenteuer

- (4) Spielezelt
- (9) Labyrinth
- (10) Coppenrath & Wiese Geburtstagspavillion
- (13) Benjamin-Blümchen-Treffpunkt
- (14) Goldwash (Kostenpflichtiges Spiel)
- (18) Trampoline
- (24) Wasserspielplatz
- (25) Abenteuerspielplatz
- (27) Leuchtturm

Attraktionen

- (1) Piratenflotte
- (2) Wellenflieger
- (3) Märchenkarussell
- (7) Bee-Bee
- (8) Speedy Achterbahn
- (11) Traktorbahn*
- (12) Rodeo
- (16) Powerpaddler
- (17) 44M-Riesenrad
- (19) Shanghai-Express*
- (20) Rutschturm
- (21) Oldtimerfahrt
- (22) Bungee-Trampolin
- (26) Piratenschiff

* Bei diesen Attraktionen müssen Kinder bis 1 m begleitet werden.

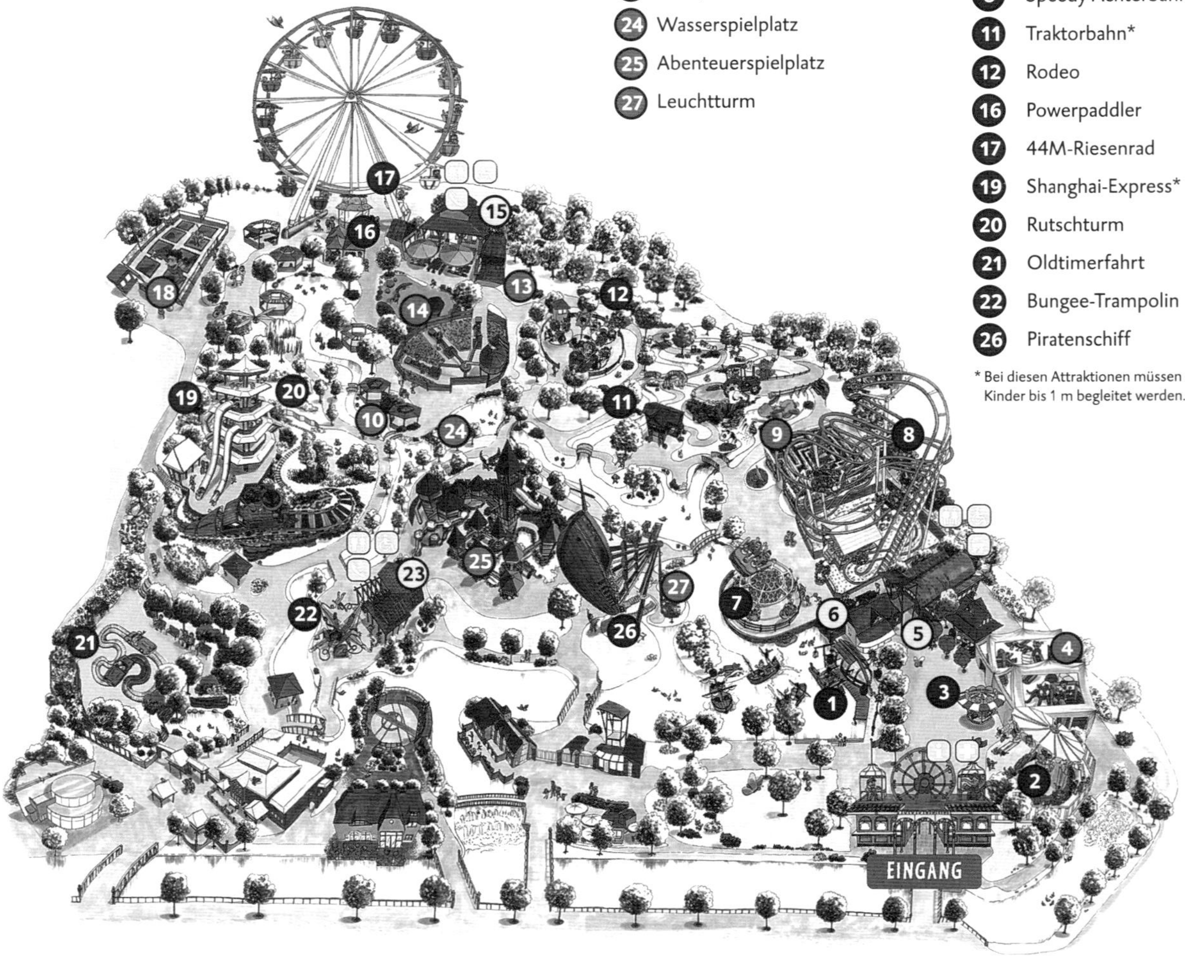

3 Schreibe auf der Grundlage von M 3 eine Liste der Attraktionen, die du besuchen möchtest.

____

____

____

____

4 Tausche dich mit deinem Nachbarn über eure Planung aus.

Wohin soll unsere nächste Urlaubsreise gehen?

Die Sommerferien liegen zwar noch in weiter Ferne, doch trotzdem sollte man rechtzeitig mit der Planung des Urlaubs beginnen. Lenas Mutter hat schon zwei Reiseziele ausgesucht. Nun muss sich Lena entscheiden.

M 4 Reiseprospekte

*** Historisches Strandhotel ***

Unser 3-Sterne-Hotel in Dierhagen liegt direkt an einem weißen Ostseestrand. Ganz in der Nähe befindet sich ein riesiger Freizeitpark.

Essen: Morgens verwöhnen wir unsere Gäste mit einem reichhaltigen Frühstücksbuffet.

Sport: hauseigenes Schwimmbad, Tischtennis. Gegen Gebühr: Fahrräder und Tennis

Verträumtes Berghotel

Unser Hotel befindet sich in einem ehemaligen Bauernhof, ca. 2 km südlich von Bayrischzell.

Essen: Bei Halbpension wählen Sie morgens und abends von einem köstlichen Buffet aus.

Sport: Neben unserem hauseigenen Streichelzoo, Tischtennis, Wandern, Minigolf und einem Schwimmbad mit Rutsche können Sie gegen Gebühr auf unseren Pferden reiten oder Mountainbiketouren unternehmen.

5 Verorte die ungefähre Lage der beiden Ferienziele mithilfe deines Atlas.

6 Sammle Pro- und Contra-Argumente für die beiden Reiseziele in der folgenden Tabelle.

Ostsee bei Dierhagen		Alpen bei Bayrischzell	
Pro	Contra	Pro	Contra

7 Nun entscheide dich für eines der beiden Ferienziele. Begründe deine Entscheidung mithilfe deiner Pro- und Contra-Argumente.

____

____

____

Wo die Touristen in Deutschland hinfahren

Der Tourismus ist für Deutschland ein wichtiger Wirtschaftsfaktor. Das gilt insbesondere für Regionen, in denen es wenig Arbeitsplätze z. B. in der Industrie gibt.
Vom Tourismus profitieren vor Ort nicht nur Gaststätten und Hotels, sondern zum Beispiel auch Geschäfte und Handwerker. Die meisten Touristen in Deutschland sind selbst aus Deutschland, doch einige kommen auch aus dem Ausland, um hier Urlaub zu machen.

M 5 Übernachtungen in Millionen in Deutschland nach Bundesländern 2006

Bundesland	Touristen aus Deutschland	Touristen aus dem Ausland	Bundesland	Touristen aus Deutschland	Touristen aus dem Ausland
Baden-Württemberg	34	7	Niedersachsen	33	3
Bayern	63	12	Nordrhein-Westfalen	31	8
Berlin	10	6	Rheinland-Pfalz	14	5
Brandenburg	9	1	Saarland	2	1
Bremen	1	1	Sachsen	15	2
Hamburg	6	2	Sachsen-Anhalt	6	1
Hessen	21	6	Schleswig-Holstein	22	1
Mecklenburg-Vorpommern	24	1	Thüringen	9	1

8 Beschrifte die Bundesländer (Atlas) in der Karte M 6 (S. 47). Markiere nun entsprechend der Zahlen aus Tabelle M 5 die Kästchen farbig, je nachdem, wie oft Touristen im jeweiligen Bundesland übernachtet haben (1 Kästchen = 1 Mio. Übernachtungen). Wähle für Übernachtungen von Deutschen und von Ausländern jeweils eine andere Farbe. (Ein Beispiel ist schon eingetragen.)

9 Suche im Atlas Gegenden, wo es in Deutschland besondere touristische Attraktionen gibt (z. B. Naturschutzgebiete oder berühmte Schlösser). Zeichne diese Attraktionen mit Symbolen in deine Karte ein.

10 Wo ist in Deutschland Tourismus besonders wichtig? Nimm dazu deine Karte der europäischen Industrieräume zu Hilfe (Seite 36).

11 Berechne, wie viele Übernachtungen von Touristen im Jahr 2006 insgesamt in Deutschland stattfanden.

12 Erkläre, wieso es allein von deutschen Touristen in einem Jahr 300 Millionen Übernachtungen geben kann, wenn es nur 82 Millionen Einwohner in Deutschland gibt.

M 6 Übernachtungen von Touristen in Deutschland

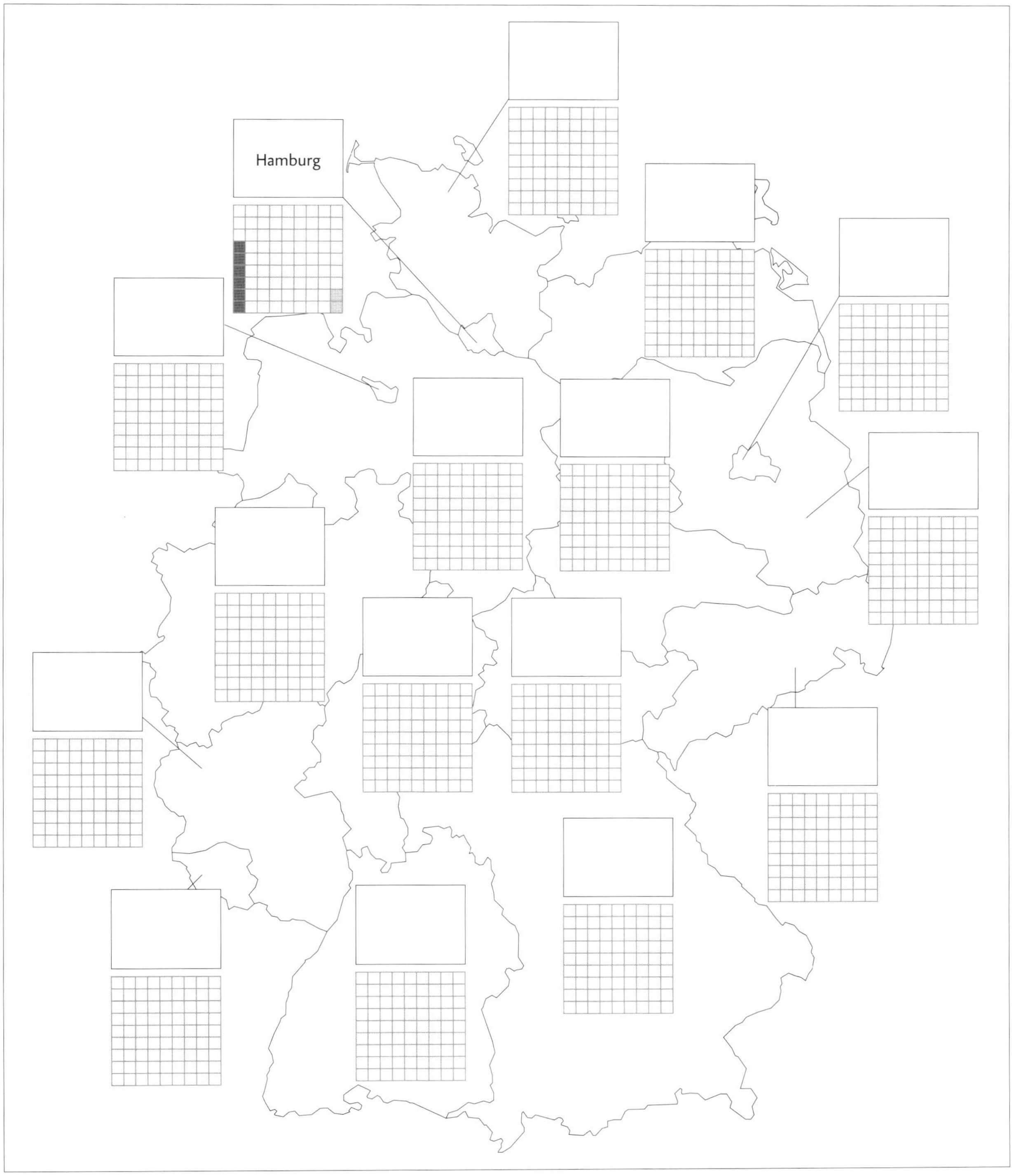

Wir erfahren etwas über das Klima

Gerade für die Urlaubsplanung ist es wichtig, etwas über das Klima zu wissen. Während du aus der Wettervorhersage im Fernsehen oder Radio etwas über das **Wetter** der nächsten Tage erfährst, kannst du mithilfe eines Klimadiagramms grundlegende Merkmale des **Klimas** ablesen.
Lena hat eine Klimatabelle der Stadt Berlin bekommen. Zwar liefert eine solche Tabelle sehr genaue Zahlenwerte, doch die Tabelle ist nicht sehr übersichtlich. Deshalb zeichnen Lena und Paul heute ein Klimadiagramm.

M 7 Klima und Wetter

Mit dem Begriff „**Wetter**" wird das Zusammenwirken von Temperatur, Niederschlag, Bewölkung, Wind und anderen Dingen zu einem bestimmten Zeitpunkt an einem Ort bezeichnet.
Das **Klima** eines Raumes wird dagegen ermittelt, indem Wetterbeobachtungen wie Temperatur und Niederschläge über einen langen Zeitraum (mindestens 30 Jahre) gesammelt und deren Mittelwerte berechnet werden. So hat die Wetterbeobachtung im April 2007 Null Millimeter Niederschlag in Berlin gemessen. Der Mittelwert im Klimadiagramm beträgt dagegen 38 mm (das sind pro m^2 übrigens 38 Liter).

M 8 Klimatabelle von Berlin

Name der Klimastation
Höhe der Station über dem Meeresspiegel
Jahresdurchschnittstemperatur
Jahresniederschlag

Berlin-Dahlem, 51 m ü. NN						T = 9,2 °C						N = 578 mm
	J	F	M	A	M	J	J	A	S	O	N	D
Durchschnittstemperatur (in °C)	0,5	1,2	4,6	8,7	13,9	16,6	18,4	17,8	13,6	9,1	4,4	1,8
Gesamtniederschlag (in mm)	43	36	41	38	53	67	55	62	45	37	45	57

Mittlere Temperatur eines Monats
Mittlerer Niederschlag eines Monats
Anfangsbuchstaben der Monate

M 9 Klimadiagramm von Berlin-Dahlem

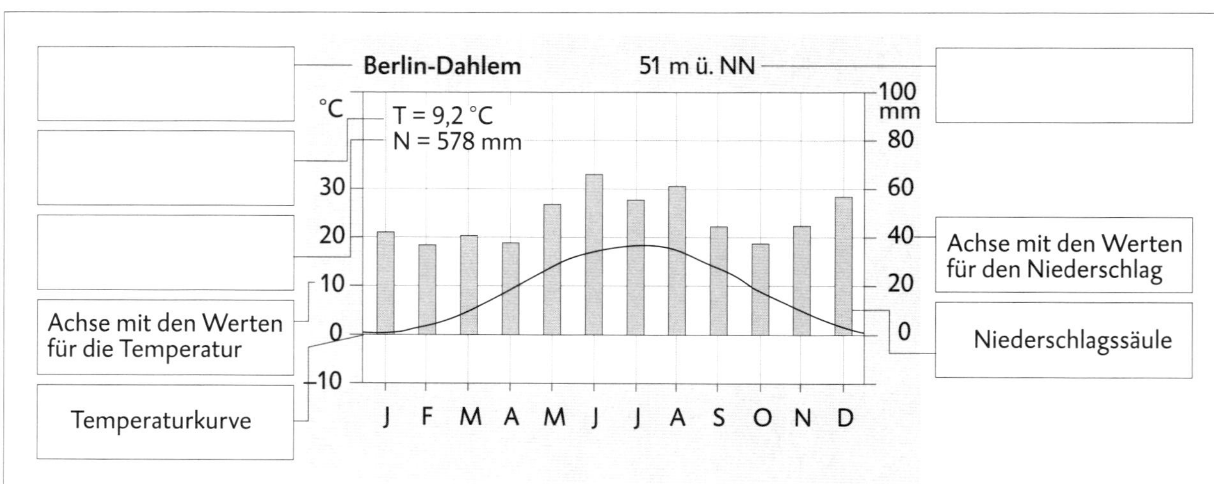

13 Beschrifte die leeren Kästen am Klimadiagramm M 9.

14 Erkläre, worin der Vor- sowie der Nachteil eines Klimadiagramms gegenüber einer Klimatabelle liegt.

15 Erläutere in eigenen Worten den Unterschied zwischen „Wetter“ und „Klima“.

16 Führe einen Monat lang Messungen von Temperatur und Niederschlag durch. Beachte dabei die folgende Methodenbox.

Methodenbox

Wir messen Temperatur und Niederschlag

Du benötigst ein Thermometer und ein Auffanggefäß.
Hänge das **Thermometer** in den Schatten und lies zu drei festgelegten Zeiten pro Tag die Temperatur ab. Die Tagesdurchschnittstemperatur ermittelst du dann folgendermaßen:

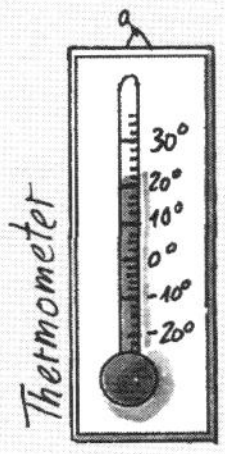

$$\frac{\text{Wert 7 Uhr} + \text{Wert 12 Uhr} + 2\cdot(\text{Wert 21 Uhr})}{4} = \text{Tagesdurchschnittstemperatur}$$

Dein **Auffanggefäß** kann eine abgeschnittene Kunststoffflasche mit flachem Boden sein, die du mit Klebeband an einem Stock befestigst. Mit einem Lineal kannst du jeden Abend die Niederschlagsmenge messen.

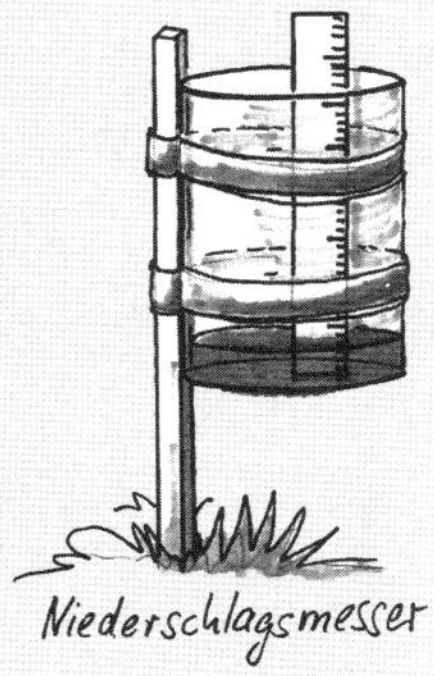

Deine Messwerte trägst du in einen Wetterbeobachtungsbogen ein.
Nun kannst du für jeden Monat ein „Wetterdiagramm“ zeichnen.

Beispiel für einen Wetterbeobachtungsbogen:

Datum	1. 5.	2. 5.	3. 5.
Temperatur in °C			
um 7.00 Uhr	8	8	7
um 12.00 Uhr	14	12	13
um 21.00 Uhr	9	8	6
Tagesdurchschnittstemperatur	10		
Niederschlag in mm	0	7	10

17 Berechne die fehlenden Tagesdurchschnittstemperaturen vom 2. und 3. 5. im Wetterbeobachtungsbogen mithilfe der Methodenbox.

M 10 Klimatabelle von Düsseldorf

Düsseldorf – Flughafen, 37 m ü. NN				T = 10,3 °C							N = 759 mm	
	J	F	M	A	M	J	J	A	S	O	N	D
Durchschnittstemperatur (in °C)	2,4	3,2	5,9	9,3	13,8	16,3	18,3	17,9	14,8	11,1	6,2	3,5
Niederschlag (in mm)	63	47	61	50	69	79	75	63	57	55	67	71

M 11 Klimatabelle von Palma de Mallorca

Palma de Mallorca, 8 m ü. NN				T = 15,8 °C							N = 414 mm	
	J	F	M	A	M	J	J	A	S	O	N	D
Durchschnittstemperatur (in °C)	9,2	9,6	10,6	12,5	16,4	20,8	23,8	24,1	21,6	17,6	13,1	10,5
Gesamtniederschlag (in mm)	37	35	36	39	30	14	9	20	50	63	47	44

18 Zeichne die Klimadiagramme von Düsseldorf und Palma de Mallorca.

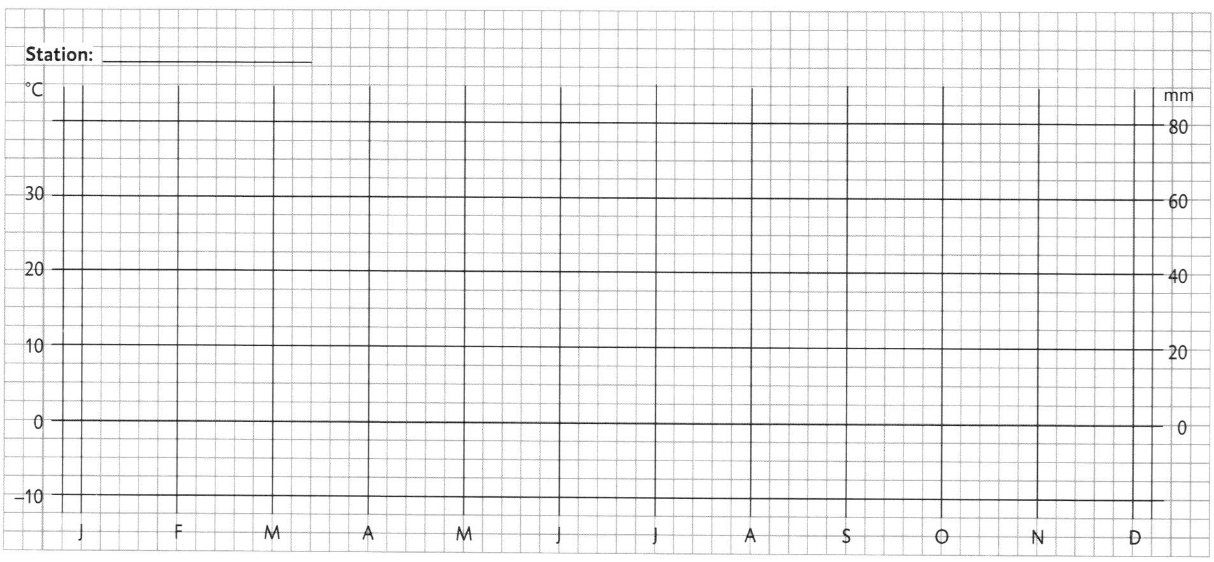

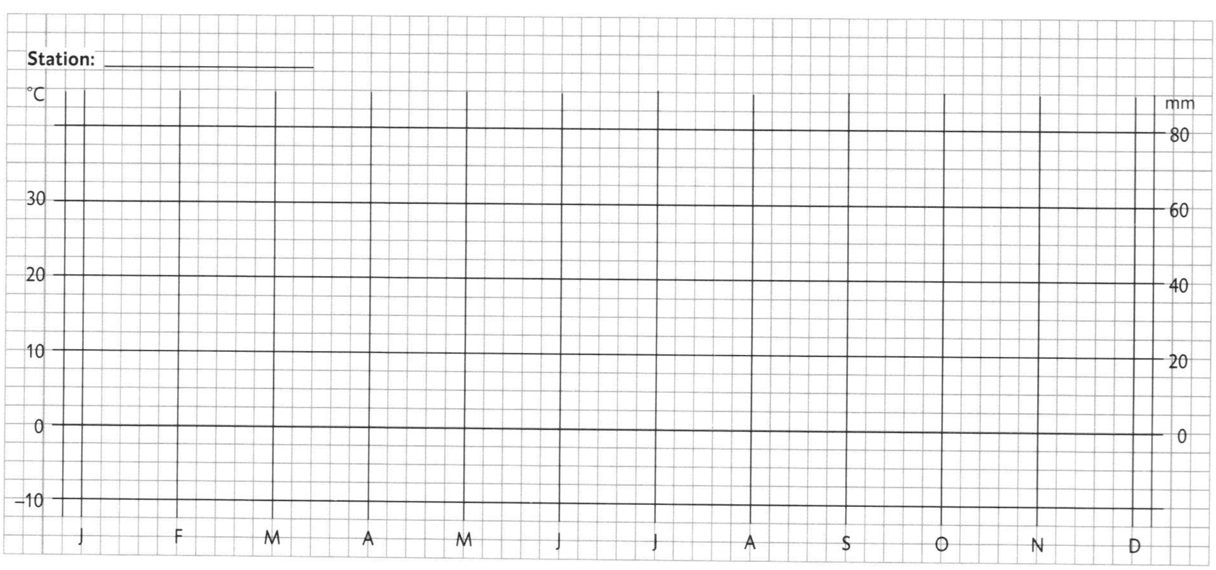

19 Werte die beiden Klimadiagramme aus. Beachte dabei die folgende Methodenbox.

Methodenbox

Bei der Auswertung von Klimadiagrammen kannst du folgendermaßen vorgehen:

1. Benenne …
   - den Namen, das Land und die Höhe der Klimastation,
   - die mittlere Jahrestemperatur,
   - den wärmsten und kältesten Monat sowie deren Temperaturunterschied,
   - den Jahresniederschlag,
   - die Monate mit den höchsten und niedrigsten Niederschlagsmengen sowie deren Unterschied.
2. Beschreibe nun die Auffälligkeiten im Verlauf der Temperaturkurve und der Niederschlagswerte.

Düsseldorf:

Palma de Mallorca:

20 Wann ist die beste Zeit, um auf Mallorca Urlaub zu machen? Begründe deine Antwort.

Wie bekommen wir alle Wünsche unter einen Hut?

Auch in Pauls Familie werden Reisevorbereitungen getroffen. Zwar sind sich alle einig, dass man zwei Wochen verreisen möchte, doch wohin die Reise gehen soll, das ist schon schwieriger …

M 12 Reiseziele

Sylt (Nordsee)	Alpen (bei Innsbruck)	Mallorca (Mittelmeer)
Klima im Juli: 16,4 °C, 65 mm Niederschlag	Klima im Juli: 18 °C, 128 mm Niederschlag	Klima im Juli: 24,1 °C, 4 mm Niederschlag
Wassertemperatur im Juli: 18 °C	–	Wassertemperatur im Juli: 24 °C
Hauptattraktionen: Erholung in luxuriöser Umgebung, Sandstrand und Wattenmeer	Hauptattraktionen: Bergwanderungen, Mountainbiking	Hauptattraktionen: Badestrände, Wanderwege, zahlreiche Sehenswürdigkeiten
Westerland (9 000 Einwohner)	Innsbruck (190 000 Einwohner)	Palma (300 000 Einwohner)

21 Lies dir die Wünsche von Pauls Eltern durch. Markiere die wichtigsten Wünsche farbig.

22 Schreibe deine Wünsche in die leere Sprechblase.

23 Versuche nun, mithilfe von M 12 ein Reiseziel zu bestimmen, mit dem alle Familienmitglieder zufrieden sein können. Begründe deine Entscheidung.

____

____

Wir lernen die „Geheimsprache“ von Reiseprospekten kennen

Beim Lesen eines Reisekataloges fällt Paul auf, dass einige Beschreibungen von Hotels sich komisch anhören. Zusammen mit seiner Mutter entschlüsselt er diese „Geheimsprache“.

M 13 Hotel Superbeach

24 Suche mithilfe der Zeichnung eine „Übersetzung“ zu den Umschreibungen. Was steckt hinter …

„zentrale und verkehrsgünstige Lage“ = ______________________________

„aufstrebendes Tourismusgebiet“ = ______________________________

„Strandnähe“ = ______________________________

„naturbelassener Strand“ = ______________________________

„Nähe … Flughafen“ = ______________________________

„Kinderpool mit Rutsche“ = ______________________________

„nur eine Straße“ = ______________________________

„Diskothek“ = ______________________________

25 Bewerte das „Superangebot“.

____

____

____

Wie teuer wird unsere Reise nach Mallorca?

Paul (12 Jahre) und seine Eltern haben sich für das 4-Sterne-Hotel Sunshine auf Mallorca entschieden. Sie haben ihre Urlaubsreise vom 10. bis zum 24. Juli geplant. Sie möchten ein Zimmer mit Meerblick. Paul betrachtet schon seit einiger Zeit die Preistabelle. Kannst du ihm helfen?

M 14 Preis für 1 Person/Woche im Doppelzimmer im Vier-Sterne-Hotel Sunshine

Hotel Sunshine**** (geöffnet bis 31. 10.)

Reisetermine von bis	14. 3. 30. 3.	31. 3. 24. 4.	25. 4. 29. 5.	30. 5. 24. 6.	25. 6. 8. 7.	9. 7. 24. 8.	25. 8. 31. 8.	1. 9. 28. 9.	29. 9. 31. 10.
	A	S	A	B	C	D	C	B	A
Doppelzimmer HP/BD/WC/BK/AC/TV	**805 €**	**780 €**	**805 €**	**891 €**	**945 €**	**1 012 €**	**945 €**	**891 €**	**805 €**
Preis für 1 Person/ Tag bei Verlängerung	S = 62 € B = 78 € D = 96 € A = 65 € C = 85								

Kinderfestpreis für Kinder von 2–14 Jahren: Saisonbuchstabe S, A und B 149,– €; Saisonbuchstabe C und D 299,– € (immer HP)
Der Kinderfestpreis gilt auch für die Verlängerungswoche.

Mehr fürs Geld:
14 = 12 Tage vom 31. 3.–16. 4., 14 = 10 Tage ab 17. 10., also die letzten 4 Tage gratis (nicht für Kinder)

Legende: BD = Bad, WC = Toilette, BK = Balkon, TV = Fernsehen, AC = Klimaanlage, HP = Halbpension (also Frühstück und Abendessen).
Zimmer mit Meerblick kosten pro Tag und Person 10,– € extra (nicht für Kinder)

26 Berechne, wie teuer die Reise (Flug, Hotel mit Halbpension und Meerblick) für Paul und seine Eltern wird.

27 Was kann Paul alles im Doppelzimmer erwarten?

28 Zu welchem Zeitpunkt wäre eine 14-tägige Reise für Paul und seine Eltern am günstigsten?

M 15 Nebenkosten*

	Preis in €
Cola 0,3 l	2
Mittagessen	10
Eis	2
Eintritt Funpark	12
Massage	20
Tauchen	3
Stadtrundfahrt	15
Souvenirs	50

* Nebenkosten: Kosten, die zusätzlich zu den Reisekosten entstehen

29 Erkläre, wieso die Reise im März teurer ist als im April, obwohl es im April schon wärmer ist.

30 Überprüfe, ob Paul und seine Eltern mit 4 400 Euro für alle Kosten ihrer Reise auskommen können. Beachte dabei auch M 15 und begründe deine Antwort.

Warum fliegen so viele Touristen nach Mallorca?

Auf Mallorca haben allein im Jahr 2007 über 11 Millionen Touristen Urlaub gemacht, davon über 4 Millionen aus Deutschland. Jeder findet die Insel schön und möchte es sich hier gut gehen lassen.

M 16 Foto der Bucht Cala Agulla auf Mallorca

M 17 Klimadiagramm von Palma de Mallorca

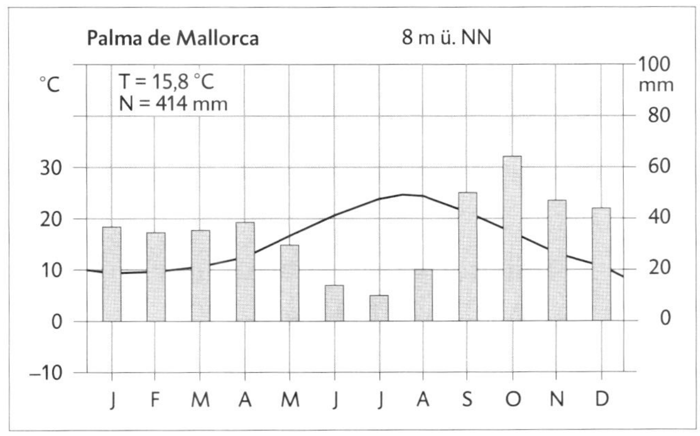

M 18 Touristische Attraktionen auf Mallorca

- traumhaftes Wetter
- weiße Sandstrände, kleine Buchten, atemberaubende Steilküsten
- Hotels für jeden Geldbeutel
- zahlreiche Wanderwege
- Tauchgebiete und Surfmöglichkeiten
- ein Künstlerdorf
- unberührte Bergdörfer
- interessante Städte
- alte Burgen und Ruinen
- Prominente und exklusives Flair
- Mandelblüte

M 19 Zeitungsausschnitt aus einem Superangebot für eine Mallorcareise

31 Beschreibe mithilfe deines Atlas die Lage der spanischen Insel Mallorca.

32 Sammle alle Aspekte, die für einen Familienurlaub besonders interessant sein könnten. Beachte dabei die Hinweise zur vernetzten Auswertung auf S. 38.

Wasser – eine lebensnotwendige Mangelware auf Mallorca

Alle Lebewesen brauchen Süßwasser. Auf Mallorca wird durch die Touristen und die Landwirtschaft aber mehr Wasser verbraucht, als durch natürliche Niederschlagsmengen nachkommt. Deshalb sinken die Grundwasservorräte.

M 20 Landwirtschaft und Tourismus

Die Landwirtschaft und der Tourismus verbrauchen je etwas weniger als die Hälfte des Wassers. Zudem geht Wasser durch defekte Leitungen verloren. Schmutzwasser wird, nachdem es gesäubert wurde, nicht wieder genutzt. Wasser wird zur Mangelware. Gerade in der Natur fehlt es an Wasser. Zugleich werden auf den 20 Golfplätzen pro Tag rund 35 Mio. Liter Wasser zur Bewässerung des Rasens verschwendet.

M 21 Täglicher Wasserverbrauch auf Mallorca in Litern 2007

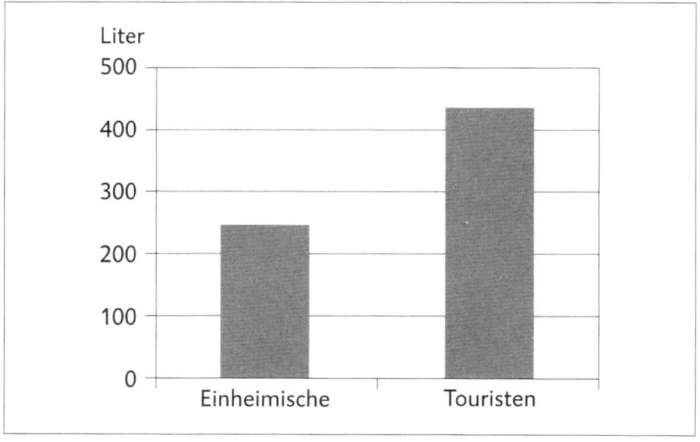

M 22 Einheimische und Touristen auf Mallorca in Mio. 1967 und 2007

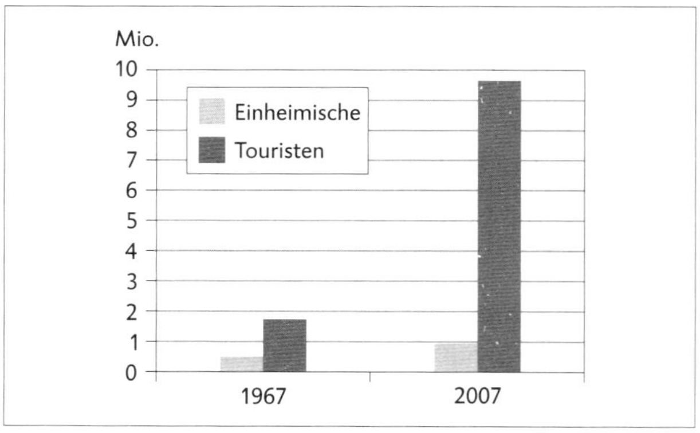

M 23 Tankschiffe oder Entsalzungsanlagen – eine Lösung?

Mit riesigen Tankschiffen wird täglich Trinkwasser nach Mallorca geschifft. Eine Meerentsalzungsanlage gewinnt mit hohem Energieaufwand aus Salzwasser Süßwasser. In beiden Fällen wird das Wasser sehr teuer. Zugleich fehlt das mit Tankschiffen herantransportierte Wasser auf dem Festland.

33 Erläutere, wieso Wasser auf Mallorca Mangelware ist (M 20–M 22).

34 Erkläre, wieso besonders die Natur unter diesem Wassermangel leidet.

35 Nenne Lösungsmöglichkeiten, die den Wassermangel auf Mallorca beseitigen könnten.

Qualitätstourismus – eine Lösung für Mallorca?

M 24 Qualitätstourismus = sanfter Tourismus?

Seit einigen Jahren setzen Politiker und Wirtschaftsexperten auf Mallorca auf „**Qualitätstourismus**". Dieser soll alle Probleme des bisherigen Massentourismus lösen. Unter einem Qualitätstouristen versteht man einen zahlungskräftigen Luxusurlauber, der in teuren Hotels wohnt und gerne Golf spielt oder taucht, oder einen Urlauber, der die Natur liebt, in umgebauten ehemaligen Bauernhäusern mit Pools im Landesinneren wohnt und wandern geht – insgesamt also Touristen, die vergleichsweise viel Geld auf Mallorca ausgeben. Dahinter steckt die Idee, dass man immer weniger Touristen benötigt, um genauso viel Geld zu verdienen. Dabei verbrauchen die „Luxustouristen" etwa doppelt so viel Wasser wie normale Touristen. Viele Politiker setzen den „Qualitätstourismus" mit dem „sanften Tourismus" gleich.
Beim **sanften Tourismus** soll die bereiste Natur intensiv erlebt, aber möglichst nicht geschädigt werden. Zugleich soll sich der behutsame Tourist der Kultur des bereisten Landes möglichst anpassen.

M 25 Golfplätze und Pools

Seitdem der Qualitätstourismus gefördert wird, sind auf Mallorca insgesamt 20 Golfplätze entstanden. Zudem errichtete man zahlreiche Luxushotels mit riesigen Pools in bisher unverbauten Buchten.
Damit die Luxustouristen ihre Hotels besser erreichen, soll der Flughafen ausgebaut werden.
Daneben ist auch eine weitere Autobahn geplant.

M 26 Einwohner- und Touristenzahlen

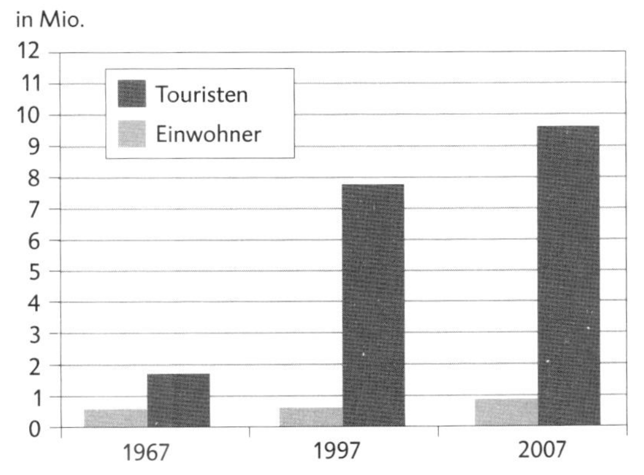

36 Erkläre die Idee des „Qualitätstourismus" mit eigenen Worten.

37 Benenne die Auswirkungen des „Qualitätstourismus" auf Mallorca (M 24–M 26).

38 Nimm Stellung zur Aussage: „Qualitätstourismus ist eine Form des sanften Tourismus".

Tourismus auf Mallorca – Pro und Contra

M 27 Stellungnahme des Hotelbesitzers Pedro (51 Jahre)

Wenn es die Touristen nicht geben würde, dann würde es uns allen viel schlechter gehen. Die meisten Einwohner hätten die Insel verlassen müssen, da es hier außer im Tourismus kaum Arbeitsplätze gibt. Allein in meinem kleinen Hotel beschäftige ich sieben Angestellte. Mit relativ einfacher Arbeit verdienen meine Mitarbeiterinnen und Mitarbeiter viel Geld.
Nur müsste man meiner Meinung nach die großen Hotelanlagen mit ihren Billigangeboten verbieten. Durch den Tourismus hier auf Mallorca geht es uns sogar besser als den übrigen Spaniern. Daran sieht man schon, wie wichtig der Tourismus ist.

M 28 Stellungnahme des Rentners Juno (72 Jahre)

Ich bin auf Mallorca geboren und liebe meine Insel. Lange Zeit habe ich vom Fischfang gelebt, bis ich vor 30 Jahren anfing, Bootstouren für Touristen anzubieten. Damit konnte ich viel mehr Geld verdienen. Das waren tolle Zeiten. Heute lebe ich von einer kleinen Rente. Durch den Tourismus steigen die Preise aber immer stärker, sodass ich mir nur noch wenig leisten kann. Die Touristen kommen täglich mit ihren Leihwagen in unser kleines Dorf. Das stört unseren Alltag schon sehr. Früher gab es auch noch zahlreiche einsame Buchten. Heute sind die meisten durch Hotels verbaut.

M 29 Stellungnahme der Umweltschützerin Esperanza (32 Jahre)

Durch den Massentourismus wird vieles auf Mallorca zerstört. Tiere werden durch Touristen vertrieben und verlieren ihren Lebensraum. Viele Arten findet man heute kaum noch. Ein weiteres Problem ist die Wasserversorgung. Es wird immer mehr Wasser für die Touristen benötigt. Dazu kommt das Wasser für die Pools und die Golfplätze. Zugleich aber nehmen das Abwasser und der Müll gigantische Dimensionen an. Weniger Tourismus wäre einfach für alle mehr.

M 30 Stellungnahme der Wanderführerin Ana (23 Jahre)

Ich betreue Wanderungen durch das Tramuntana-Gebirge im Norden unserer Insel.
Seit Kurzem treffe ich auf immer mehr naturbegeisterte Touristen, die gerne wandern. Sie wohnen meistens in luxuriös umgebauten ehemaligen Bauernhäusern. Diese reichen Urlauber lieben die Ruhe und die Natur. Mittlerweile wollen täglich so viele Touristen wandern, dass ich schon drei neue Wanderführer einstellen musste.

39 Sammle in der Tabelle die in den Stellungnahmen genannten Pro- und Contra-Argumente zum Tourismus auf Mallorca. Notiere auch jeweils das Material, in dem du die Information gefunden hast.

Tourismus auf Mallorca	
Pro	**Contra**
– Arbeitsplätze (M 27)	

40 Erkläre, was die Umweltschützerin Esperanza (M 29) mit der Aussage meint: „Weniger Tourismus wäre einfach für alle mehr.“

41 Bewerte den Tourismus auf Mallorca. Begründe deine Antwort.

42 Überlege dir Lösungsmöglichkeiten für den Tourismus auf Mallorca.

43 Tausche dich mit deinem Nachbarn aus.

Wir verorten die Hauptreiseziele deutscher Touristen

M 31 Die beliebtesten Reiseziele der Deutschen 2007 (Reisen ab fünf Tagen Dauer)

Nr.	Reiseziel	Anzahl der Urlaubsreisen
1	Deutschland	29,7 Mio.
2	Spanien und Portugal	8,6 Mio.
3	Italien	7,2 Mio.
4	Österreich	5,3 Mio.
5	Dänemark, Benelux[1]	4,3 Mio.
6	Großbritannien, Irland, Skandinavien[2]	4,0 Mio.
7	Türkei	3,2 Mio.
8	Frankreich	2,4 Mio.
9	Griechenland	2,0 Mio.

[1] die Benelux-Staaten sind die Niederlande, Belgien und Luxemburg
[2] zu Skandinavien gehören die Länder Schweden und Norwegen

44 Trage die Nummern der beliebtesten Reiseziele der Deutschen in die Karte ein. Markiere die Länder farbig.

45 Nenne Gründe, warum deutsche Touristen so gerne nach Deutschland, Spanien und Italien reisen.

____

____

____

Tourismus – der weltweit größte Wirtschaftszweig

M 32 Der weltweite Tourismus

Die Zahl aller Touristen lag 2006 bei etwa 6 Milliarden. Diese gaben rund 3,3 Billionen Euro aus. Fast die Hälfte der weltweiten Ausgaben im Tourismus wurde von Europäern getätigt. Dabei waren die Deutschen mal wieder die „Weltmeister im Reisen". Zugleich arbeiten weltweit über 100 Millionen Beschäftigte im Tourismus. Damit ist der Tourismus der weltweit größte Wirtschaftszweig.
Die wirtschaftliche Bedeutung des Tourismus ist besonders für viele kleine Inselstaaten (z. B. Malediven, Seychellen) sehr groß, da es hier sonst nur wenig andere Arbeitsplätze gibt. Aber auch für Inselgruppen wie die Balearen oder Inseln wie Kreta, Madeira und Sardinien ist der Tourismus sehr wichtig.

46 Nenne Gründe, wieso der Tourismus als „weltweit größter Wirtschaftszweig" gilt.

____

____

____

M 33 Reiseziele

Von 100 Touristen fuhren 2006 nach	
Europa	55
Asien	23
Nordamerika	11
Südamerika	5
Afrika	4
Sonstige Länder	2

47 Verorte die Lage und die Staatszugehörigkeit folgender Inseln mithilfe deines Atlas.

Balearen: ______________________ Madeira: ______________________

Kreta: ______________________ Sardinien: ______________________

48 Erkläre, wieso der Tourismus für viele kleine Inselstaaten so wichtig ist.

____

____

49 Zeichne M 33 als Säulendiagramm. Werte dein Diagramm mithilfe der Methodenbox (S. 26) aus.

____

____

____

____

____

____

____

____

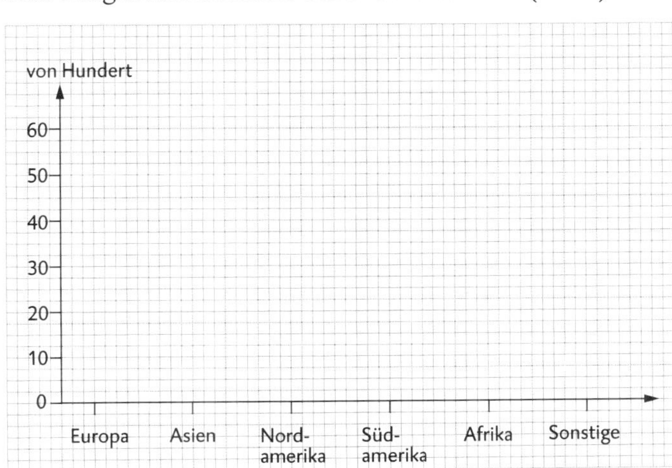

TEST Wir kontrollieren unser Wissen – Freizeitgestaltung und Klima

50 Welcher Begriff passt nicht in die Reihe? Begründe.

a Tourismus, Mallorca, Dienstleistungssektor, Massentourismus

b Jahresniederschlag, Bewölkung, Durchschnittstemperatur, Höhe über dem Meeresspiegel

51 Erkläre, warum für einige Regionen Deutschlands der Tourismus sehr wichtig ist.

52 Benenne die drei am häufigsten von Touristen besuchten deutschen Bundesländer.

53 Benenne die drei wichtigsten Urlaubsziele von deutschen Touristen.

54 Nenne fünf Gründe dafür, dass Mallorca ein so beliebtes Ziel deutscher Urlauber ist.

55 Zu welcher Station kann die nachfolgende Klimatabelle gehören: Innsbruck, Berlin oder Madrid? Begründe deine Antwort.

667 m ü. NN					T = 14,3 °C						N = 459 mm	
	J	F	M	A	M	J	J	A	S	O	N	D
Durchschnittstemperatur (in °C)	6,0	7,4	10,0	12,2	16,1	20,6	24,4	23,9	20,5	14,8	9,4	6,4
Niederschlag (in mm)	46	46	33	54	41	27	13	9	30	45	64	51

56 Zeichne ein Klimadiagramm zur obigen Klimatabelle.

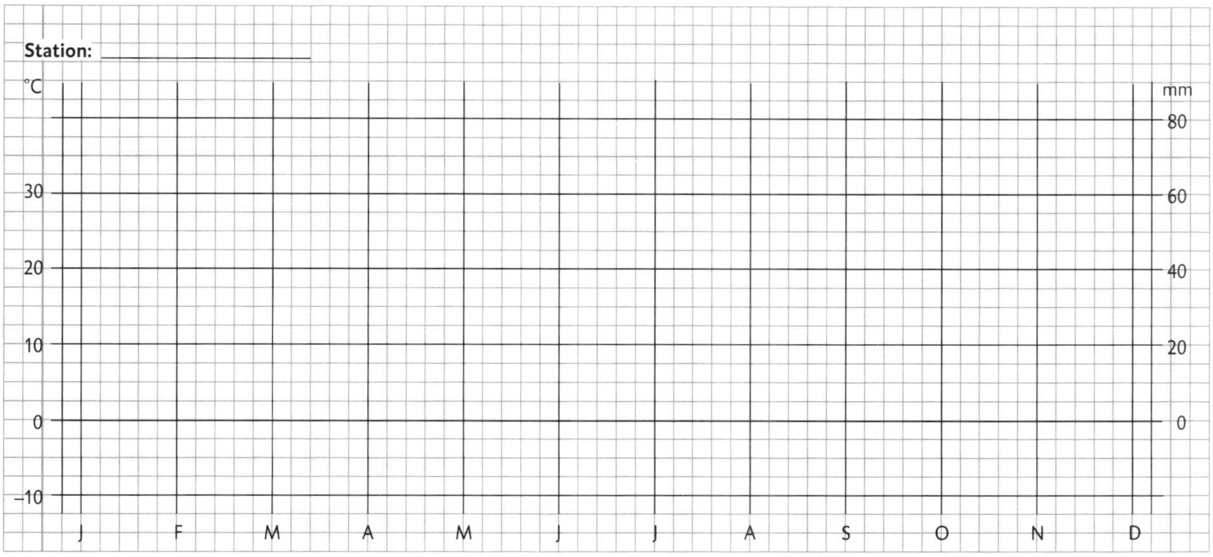

57 Liste die einzelnen Arbeitsschritte bei der Auswertung eines Klimadiagramms auf.

58 Werte das Klimadiagramm aus.

59 Experten gehen davon aus, dass es in den Alpen wärmer wird und deshalb weniger schneit. Benenne mögliche Folgen und bewerte diese aus Sicht eines Hotelbesitzers in den Alpen.

60 Erkläre den Begriff „sanfter Tourismus“.

Quellennachweis

- Umschlagbild: ullstein bild – Imagebroker.net
- S. 8, 20, 22, 36: Cartomedia, Karlsruhe
- S. 9 links: chriku1 – photocase.de, Mitte: Erik Christensen, www.wikipedia.de, veröffentlicht unter der GNU Free Documentation License, rechts: Hilde Kempter
- S. 10 (M 8), S. 61 (M 33): Fischer Weltalmanach Digital 2008. © Fischer Taschenbuch Verlag in der S. Fischer Verlag GmbH, Frankfurt am Main
- S. 14 (Foto Soester Innenstadt): Sven Andreas, Soest Tourist Information
- S. 15, 27, 30: Velix Frank Kühnen
- S. 16 (Luftbild): Digitales Orthophoto, Bildflug 2003, Darstellung mit Genehmigung der Stadt Soest
- S. 28: Raumordnungsbericht 2000 des Bundesamtes für Bauwesen und Raumordnung, Karte 88, S. 158
- S. 34 links: © Neckermann Versand AG, rechts: © Daniel Ehrhardt – Fotolia.com
- S. 37 (M 19): Gesamtverband des deutschen Steinkohlebergbaus (GVST): Steinkohlebergbau in Deutschland, www.gvst.de/site/bildungsmedien/steinkohlenbergbau.pdf
- S. 39 (M 20): Regionalverband Ruhr, Referat 8 Regionalentwicklung (Hrsg.): Entwicklung der Beschäftigen im Ruhrgebiet: Sozialversicherungspflichtig Beschäftigte im Ruhrgebiet (1980 bis 2004). Struktur und Entwicklung 1980 bis 2004. Essen 2006
- S. 43 (M 1): Scholl, P.: Autobahnatlas. www.autobahnatlas-online.de (20.4.08)
- S. 44: CentrO.PARK, www.centropark.de
- S. 45 (M 4): eigene Darstellung, Fotos: links © Bernd Kröge, rechts © Michael Hoppe – Fotolia.com
- S. 46: Statistische Ämter des Bundes und der Länder, 2006. In: www.statistik-portal.de/Statistik-Portal/de_jb15_jahrtab32.asp, Zugriff am 24.4.08; eigene Berechnungen
- S. 48 (M 8), 50 (M 10, M 11), 55 (M 17), 62: Bernhard Mühr, www.klimadiagramme.de, Zugriff am 24.4.08
- S. 55 (M 16): © emeraldphoto – Fotolia.com
- S. 58 links oben/unten: © Rafa Irusta, rechts oben: © Alexander Raths, rechts unten: © Sam Downes – Dreamstime.com
- S. 60: Deutscher ReiseVerband (Hrsg.), Fakten und Zahlen zum deutschen Reisemarkt 2007, www.drv.de/fileadmin/user_upload/_temp_/Fakten_und_Zahlen_2007.pdf, Zugriff am 14.8.08

Illustrationen

- Umschlaginnenseite, S. 4, 6 (Pirat), 13, 14, 20, 29: blatteins design + illustration, Andreas Mack
- S. 1, 6 (Schatzkarte), 18, 19, 31, 40, 49, 53: Velix Frank Kühnen

Autor

Velix F. Kühnen